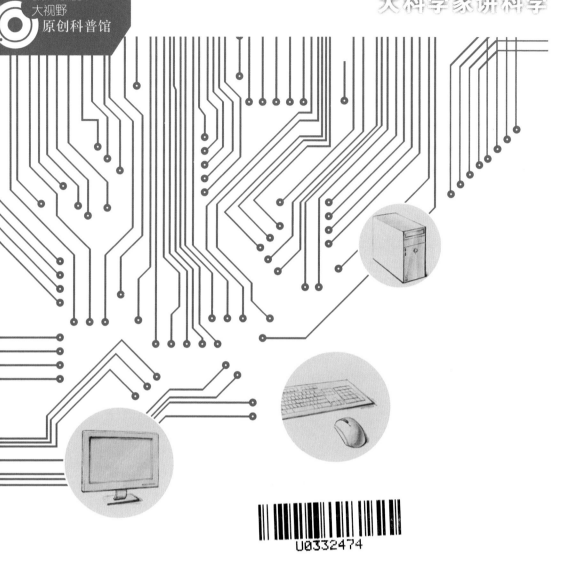

吴文虎 李秋弟 著

小小芯片万事通

——著名科学家谈计算机技术

湖南少年儿童出版社
HUNAN JUVENILE & CHILDREN'S PUBLISHING HOUSE

图书在版编目（CIP）数据

小小芯片万事通：著名科学家谈计算机技术 / 吴文虎，李秋弟著. — 长沙：湖南少年儿童出版社，2019.12

（大科学家讲科学）

ISBN 978-7-5562-3337-3

Ⅰ.①小… Ⅱ.①吴… ②李… Ⅲ.①计算机技术－少儿读物 Ⅳ.①TP3-49

中国版本图书馆CIP数据核字(2017)第132190号

大科学家讲科学·小小芯片万事通

DAKEXUEJIA JIANG KEXUE · XIAOXIAO XINPIAN WANSHITONG

特约策划：罗紫初　方　卿
总　策　划：周　霞
策划编辑：万　伦
责任编辑：万　伦
封面设计：司马楚云　风格八号
版式排版：百愚文化　张　怡　邹佳华
质量总监：阳　梅

出 版 人：胡　坚
出版发行：湖南少年儿童出版社
地　　址：湖南省长沙市晚报大道89号　　**邮　　编**：410016
电　　话：0731-82196340 82196334（销售部）
　　　　　　0731-82196313（总编室）
传　　真：0731-82199308（销售部）
　　　　　　0731-82196330（综合管理部）

经　　销：新华书店
常年法律顾问：湖南云桥律师事务所　张晓军律师
印　　刷：长沙新湘诚印刷有限公司
开　　本：710 mm×1000 mm　1/16
印　　张：16
版　　次：2019年12月第1版
印　　次：2019年12月第1次印刷
书　　号：ISBN 978-7-5562-3337-3
定　　价：39.80元

目录

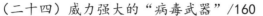

一、引言

（一）无所不在的计算机

20 世纪末，人们评选 20 世纪人类最伟大的发明创造，计算机毫无争议地入选。不仅如此，它的发明还被评选为 20 世纪对世界产生深远影响的十件大事之一。这些充分说明，计算机科学技术本身的发展以及它对各个学科研究的推动作用令人瞩目。

一般认为，从 20 世纪 40 年代中期开始，人类进入了"高科技时代"，直至现在，这个时代仍在继续。根据科学技术在各个领域的尖端成果，人们又给这个时代取了不少别名，如："航空航天时代"——因为在这个时期，人类发射了人造卫星、进入了太空、登上了月球，让无人飞船奔向了火星和外星系；"原子能时代"——因为人类在这个时期发现和掌握了原子结构的奥秘、利用了核能发电、制造出了原子弹和氢弹；等等。

所有这一切都和计算机的发明与发展紧密相关。计算机技术的进步，带动或推动了一批高新技术的飞速发展。最初，计算机仅仅是用来解决科学研究和军事技术方面的一些高难度的计算问题。后来，就开始广泛地应用于各个领域的大量乃至海量的信息处理。计算机应用在哪个领域，就引发了哪个领域的突破性的变革。

■ 图 1-1-1　我国的"长征"火箭发射

科学的发展日新月异，人们对计算机的要求越来越高，计算机能够做的事也越来越多，计算机应用的范围更是越来越广。上到探索宇宙奥秘的星际飞船、航天飞机、各种卫星；下至地上的汽车、火车，江河湖海中的轮船、舰艇；大到国家的管理和决策；小到每个办公室里的复印机、传真机、文字处理系统、自动化管理系统，还包括每个家庭中的电视机、机顶盒、音响设备、手机、数码相机等。这其中，以微处理器——大规模集成电路芯片为核心的计算机技术无所不在。

■ 图 1-1-2　北京航天飞行控制中心

　　人们可以用计算机进行科学研究，进行经济分析与决策；可以用计算机来进行不同工作环境的模拟训练；可以利用它来进行不同领域的辅助设计；也可以将它用于不同学科不同层次的辅助教学乃至远程教学。人们既可以用它来听音乐、看影视节目，也可以用它来进行美术、音乐、电影等方面的艺术创作……当然，你也可以随时利用它到国际互联网上去"周游世界"，获取信息，广交朋友，体会一下"小小寰球"上的"地球村"的感觉。

　　现在，在我们这个世界上，真可以说到处都有计算机，无处不用计算机。计算机的应用已经渗透到社会的各个领域和层面，成为人类的不可缺少的科研、工作和生活、娱乐的重要手段。

（二）"电脑"与人脑

　　计算机在今天之所以被人们称为"电脑"，是因为它能够模拟人脑的某些功能，而且能够替代人做许多过去只有人脑才能完成的工作。

　　计算机比起人脑来，有以下几个特点：

1. 计算机有比人脑快得多的运算速度

　　现在世界上最快的计算机的运算速度每秒可达到千万亿次（1 次即是做一次加法），每秒运算万万亿次的超级计算机已经呼之欲出。我国古代的著名科学家祖冲之，穷毕生精力创造了一个当时的世界之最：把圆周率 π 值推算到了 3.1415926 到 3.1415927 之间，这比后来的外国人推算出这个数值早了几百年。即便是目前学识渊博的专家，用人工方法不停地算，花上 15 年的时间也只能把 π 值算到小数点后的 707 位。

我们今天使用一台普通的微型计算机，只用十几分钟就可以得出相同的结果，这要比人工计算的速度快几十万倍。

2. 计算机有超强的记忆能力

计算机的存储容量非常之大，一台一般配置的普通机型的个人计算机，现在它的内存储器能存放 8 吉字节（GB）已经毫不稀奇。个人计算机的外存储器如硬盘，现在容量达到了 500 吉字节（GB）乃至几个太字节（TB），如果只是用来存储文字信息的话，它可以把几座大型图书馆全部书籍的内容装进去。而且，只要计算机不出大的问题，其记忆的准确性是绝对没有问题的。

3. 计算机有高度的精确性和准确的逻辑判断能力

由于计算机计算出的数值精确度很高，它的逻辑判断能力也很强，因此，可以把计算机应用于各种工业或武器控制系统，应用于科学数据处理和人工智能模拟。

■ 图 1-2-1　我国的"北斗"通信导航卫星

4. 计算机能够根据程序自动运行

在有些工作场合，如科学计算、数控机床等，人们只要把编好的程序输入计算机，机器就可以自动运行，直到完成特定的工作。

今天的计算机科学正以前所未有的速度向前发展。人们在很多的领域内用计算机做着自动控制、科学管理、辅助设计和生产制造的工作，极大地提高了科研、管理的效率，创造了比以前高几百上千倍的效益。同时，计算机的应用有力地推动着其他学科的发展。随着人们对生命科学的研究不断取得新的成果，人类对自身本质的认识也在不断地深化，这些研究成果反过来也会促进计算机人工智能的研究与开发。

（三）学习掌握计算机的意义

我们学习使用计算机不是为了好玩，也不是为了赶时髦，而是实现中华民族伟大复兴的迫切需要。

各国经济的发展已经证明，并且还在继续证明：计算机是现代科学技术的基础和重要的推动力。计算机科学技术划时代的贡献是为我们提供了"人类通用智力工具"，每一个国家和民族都会因此而面临巨大的机遇和挑战。计算机技术的出现与发展，把社会生产力水平提高到了一个前所未有的高度，开创了一个永不休止的技术革命新时代。

我们之所以这样说，是因为计算和自然语言一样，都是人类社会每时每刻离不开的工具。以往技术革命的作用，只是创造生产工具或改造生产工具，例如蒸汽机和电机的发明都只是部分代替了人的体力劳动。而计算机却能够把人从大量重复性的或有固定程式的脑力劳动中解放出来，使人类的整体智能获得空前的发展。

在只有算盘的时代，学生必须要学珠算；在有了计算尺的时候，就要学拉计算尺；出现了计算机，就应该学习掌握计算机技术。这本来就是顺理成章的，但仅仅这样理解是远远不够的，因为计算机绝不仅是一般的，如算盘、计算尺那样的计算工具。它是人类的通用智力工具，在开发人的智能方面有无与伦比的作用。著名计算机科学家、美国斯坦福大学的 G. 伏赛斯教授曾经指出：计算机科学将是继自然语言、数学之后，成为第三位的，对人的一生有大用途的"通用智力工具"。我国确实拥有大量脑力强大的人才，但是，如果我们不同时在研究和开发计算机、有效地应用"电脑"方面赶上去，"人脑"的优势就会丧失。

■ 图 1-3-1 我国航天员在太空出舱向大家问好

青少年都来学计算机、用计算机，发展我国的计算机技术和信息产业，在核心技术方面逐步赶上并在个别技术上超过西方发达国家的水平，这是时代的要求，是民族的希望所在。

（四）计算机并不神秘

青少年看计算机，往往只看到它的功能强大、无所不能的一面，因而觉得它很神秘。我们首先要打破这种神秘感。因为计算机从计算原理上本来就不神秘。

中国有句古语，叫作"勤能补拙"。这本来说的是做人的道理，但用来解释计算机的速度与计算方法的关系，也很适用。

计算机采用的是"二进制"数字系统，以对应电路中的"开"和"关"，所以它本质上只"认识"两个数："0"和"1"。二进制的特点是"逢二进一"，只用"0""1"两个数字表示所有的数字。如我们日常用的"十进制数字系统"的"1"至"10"用二进制表示起来如下表：

十进制数字	二进制码
0	0000
1	0001
2	0010
3	0011
4	0100
5	0101
6	0110
7	0111
8	1000
9	1001

应该说，二进制算是一种"笨拙"的计数方法，但是目前只有它最适合做机器的语言。用其他的数制会给机器的设计带来难以克服的困难。也许科技的进一步发展能够使计算机使用其他数制，但至少在现在仍然还需使用二进制。

虽然在计算机中只能进行简单的取数、送数、加1、减1、移位、相加等运算，然而凭着它的运算速度越来越快，人们通过巧妙地设计电路、编制程序，就使它几乎无所不能了。

工程技术的进步为计算机的发展和应用提供了巨大的动力。例如，世界上第一台电子计算机埃尼亚克（ENIAC），是一个占地160平方米，长30米，重30吨，功率为150千瓦的庞然大物，但在当时它的运算速度只有每秒5000次。比尔·盖茨这样形容它当时的工作状况："分管这台巨型机器的士兵们绕着装满电子管吱吱叫的卡车忙作一团。当某一个电子管烧坏了，士兵们就把埃尼亚克关上，火速查出坏管并用一个新管替代它……当所有电子管都工作时，一组工程师要通过手动方式，不辞辛苦地把6000个多芯导线插进接口才能启动它来解决问题。要完成另一任务时，工作人员就不得不重新设置这些多芯导线——每次如此。"在现在的人们看来，它确实是很笨。但在当时，它也确实是一个了不起的发明，它可以在数十秒内完成人工计算2000小时、继电器式计算机20小时的工作量。

现在任何一台个人计算机的功能都要比埃尼亚克强上成千上万倍。人们经过一代又一代的努力和不断的创新，已经实现了计算机技术发展的四级跳跃，计算机的能力也越来越强。

许多在20多年前还是科学幻想的且在短期内不可能实现的东西，现在已经随着计算机技术的发展迅速变成了现实。例如，各种各样的数字化的音像设备，如CD/VCD、DVD、MP3、MP4、数字高清电视、数字家庭影院等已经一个个地走进了我们的生活；真实感的语音合成技术不仅已经在教学软件和手机上得到应用，而且其精准度有取代外语同声传译的趋势；建筑及机械的三维设计、模拟实验大大降低了设计成本，提高了可靠性，它们的效果图更是可以和实物照片相媲美；超级计算机"棋手"在20多年前就已经战胜了国际象棋的世界冠军，近几年凭借人工智能的加入，更是横扫了所有围棋大师；国内重点大学，如清华大学、上海交通大学、北京大学等早已经通过卫星通信频道和计算机网络实现了全新意义的远程教育，现在教育部的慕课（MOOC）系统更是利用互联网面向全国开放了大量优质教育资源。在大众通信方面，仅用了10余年，电报就已经完全被电子邮件所取代，寻呼机、大哥大转瞬成为历史，移动电话从豪门"重器"普及到人手一部，而且兼具许多娱乐功能。我国具有自主知识产权的 TD-SCDMA 标准的 3G 手机在 2008 北京奥运会上进入实用阶段，我国的 4G 手机技术的开发和应用与世界同步。进入 5G 时代，以华为公司为代表的我国通信技术已经逐渐站在世界前列……

计算机的应用已经扩展到各个行业的各个方面。我们在本书其他部分还要列举许多典型实例，这里就不再多说。

现代计算机技术的发展已经达到这样的程度，只要是人们能够想到的事情，一般就能够用计算机去实现它。"不怕做不到，只怕没想到"，这不是没有科学根据的夸夸其谈，而是可以实现的美好未来，因为计算机的超强计算能力为人类梦想的实现创造了重要的前提。特别是，以计算机为龙头的互联网技术已经从信息的角度把整个世界变成了"地球村"，人类社会已经推进到了全球化知识经济时代，信息资源已经成为社会可持续发展的最宝贵的资源。现在的关键是，人们要有新的创意，有丰富的想象力。青少年学习计算机的重要目的就是要用它开发智力，培养严谨的科学态度和解决问题的想象力。

我们应该知道，没有人类长期的技术积累和科学技术的综合进步，就不会有今天的计算机技术；没有成千上万的软件开发人员设计出优秀软件，计算机就不会有今天这样广泛的应用。祖国建设需要更多、更先进的计算机，需要更多、更优秀的掌握计算机技术的人才。这关系到国家的强盛、民族的兴旺、中国梦的实现，青少年们应该从小做起，努力多学习、掌握一些计算机的知识，准备长大后报效祖国、服务人民。

■ 图 1-4-1　我国的"嫦娥"绕月卫星

二、从「指算」「盘算」到「电算」

人们今天已经习惯在学习和工作中使用计算机，天天见到个人计算机也觉得很平常。但是，现在的少年儿童除了计算机、算盘和计算器，恐怕就不知道还存在过其他的计算工具了。

在今天，人们到商店购买日常生活用品时，手里拿一个集成电路制成的电子计算器，

■ 图 2-1　小学生学习计算机

甚至提着一台笔记本电脑也已经不算稀奇。当然作为我们日常用品的手机里面也已经集成了计算器的模块。但就在 20 世纪 70 年代末的时候，如果谁的手里有一个能够进行加、减、乘、除简单运算的计算器，就会招来不少羡慕的目光。现在，小朋友们要求家长去购买的计算机一定会是"多核酷睿 CPU"，以前的老机型"奔腾Ⅲ""奔腾 4"早都已经成了"明日黄花"。如果我们要了解计算机及其应用的飞速发展，可以经常到互联网上浏览一番——这在 20 年前，对大多数人来说，还是不可想象的。

在计算机飞速发展和大普及的今天，世界的发展日新月异！现代科技的进步一日千里！

如果我们要回顾计算机的发展历史，就要从世界上第一台电子计算机埃尼亚克的诞生说起，从那时到现在，这个新技术领域的真正开拓与发展不过只有 70 多年的时间。

如果算算我们今天常见的那种个人计算机的年龄，它不过 40 多岁。

在电子计算机产生以前的漫长历史时期中，人们是怎样进行计算，是怎样不断探索新的计算方法，研究发明新的计算工具的呢？让我们对此做一个简略的回顾。

（一）最早的计算

人类的计算行为开始于感觉到"数"的重要性。但是，这个起点距现在大约有多少年，可能谁也说不太准。但是，"结绳记事"、数手指、刻痕记事、

摆木棍（算筹）、画沙盘、打算盘是不同民族的古人都曾经使用过的几种普遍的初级计算方法。

结绳记事与数手指

在社会生产力水平低下的原始社会阶段，人与人之间还没有商品交易，人们最初对于事物只有"量"的概念，那时人们去数"数"的需求是很有限的。那时候，人们只知道比较两个个体或两个群体之间的某些差异。例如，这座山比那座山大些，那棵树比这棵树高些，这群羊比那群羊多些，等等。至于相比之下，它们之间谁比谁大多少、高多少或多多少则无法表示。后来，由于生产、生活的需要日益增多，人类才慢慢地体会出了"数"的概念。最初是利用结绳记事的方法，表示出数量的实质，与此同时，人们发明了一些简单的符号代表一些简单的数量。

据专家考证，人类社会早期的数字与后来的并不一样，当时只能用少数几个符号表示少许的数量。最初，除了"1"和"2"以外，还没有较大的数值名称。在这个时期，人们点数的方式是"1，2，2-1，2-2，2-2-1，2-2-2，……"这是因为当时只有两个符号。等到"3"被发明使用时，人们点数的方法就变成了"1，2，3，3-1，3-2，3-3，3-3-1，……"的方式。而"0"的概念大概要产生得更晚一些。

后来，随着思维与经验的积淀，人们又学会了利用手指表示数量，并且开始用手指从事一些简单的计算工作。这样，人类就慢慢地增加了表示数目的数字。因为人的两只手有十个指头，所以产生"十进位"数字系统是十分自然的事情。

■ 图 2-1-1 结绳记事

■ 2-1-2　数手指计数

虽然利用手指计算是非常方便的，但这样做的结果会经常有"十个指头"不够用的感觉。有的民族在古代就曾经想用"手指加脚趾"的办法来解决这个问题，因而发明过所谓的"二十进位"。但是，手脚并用的方法也不能一劳永逸地解决日益增长的数量计算的问题，人们只好被迫改变单纯靠数手指脚趾来计数的方法。这时，石头和树枝就成了人类最早的计算工具。虽然数手指的方法仍然同时在使用。

运筹帷幄，决胜千里——算筹与沙盘

利用石头或树枝（木棍）计数，和用手指计算的情形差不多，开始时都是一个对应一个的，最突出的优点是破除了"数量限制"的问题。但是，利用石头或树枝计算也存在一个显而易见的缺点，就是当它们所代表的数量太多时，无法轻易读出这一堆东西所代表的数量总值。为了解决这个矛盾，人们又学会了利用不同的堆置或排列方法，由此总结出了解决计算难题的公式。这种利用石头或树枝从事计算的方法在古代中国被称为"筹算"，所用的工具称为"算筹"。《史记》中记载，刘邦曾经赞扬他的大谋士张良"运筹策于帏帐之中，决胜于千里之外"，其中说到的"筹策"，指的就是"算筹"，"运筹"就是用"算筹"来计算、做计划、解决问题。

古代的"运筹高手"，即当时的数学家或高级参谋，他们的计算技巧是很高的，计算时可以运筹如飞，看得人眼花缭乱。直至今天，人们还在用"运筹""筹算"这些词语来表示做计划、进行思考的意思。

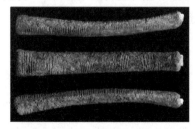

■ 图 2-1-3　古人刻痕记事的遗物

■ 图 2-1-4　不同材质的算筹

在学会使用算筹解决计数问题以后，有人想到了一种新的方法：在地上画三条直线，在开始计算时，先把算筹一个个地放在最右边的线上，当这条线放满十个时，就将它们全部收起，并在中间的线上放一个算筹，用以记录右边满十的次数；同样，当中线摆满十个时也将它们全部收起，而在左边的线上放上一个算筹用以记录中间满十的次数。很明显，这是十指计数方法的自然延伸。人们用这个方法进行连续计算，就产生了最初的"十进位"的概念。这种计算方法因为往往是在沙地上进行，所以称为"沙盘"。

算盘与"盘算"

沙盘在不断使用的过程中，悄悄地演变成了早期的算盘。算盘把一定数量的算珠（相当于沙盘上的算筹）穿在竹签上，然后用木框把它们固定起来。计算时，人们可以随意设定某一列算珠为个位，它的左边便按次序分别成为十位、百位、千位……它的右边则为小数位。古代及现代算盘的原理基本一致，但外在形式稍有不同。中式算盘是在框中加一横木，把它分成上、下两部分，上隔两珠每珠代表五，下隔五珠每

■ 图 2-1-5　古代的滑珠算盘

珠代表一；俄式算盘则是十珠式；日式算盘是上隔一珠、下隔四珠。10 年前，中式和日式的算盘仍然广泛应用在工商业之中。但是中国和日本的不少算盘已经是中日合璧的方式：上隔一珠、下隔五珠。

中式算盘　　　　日式算盘　　　　俄式算盘

■ 图 2-1-6　中、日、俄式算盘

算盘不但可以进行加减计算，也可以处理乘除的问题。在相当长的历史时期内，算盘曾经是人类的主要计算工具，使用算盘进行计算的方法称为"珠算"。现在，人们虽然还在用"盘算"这个老的方式，但实际上很多单位和个

人却早已开始"电算"，甚至实现计算的自动化了。

（二）近代的计算与相关发明

计算尺

后来，又有人利用对数关系，制造出一种名叫"计算尺（Slide Rule）"的计算工具。计算尺是由两把刻度为相同对数比的滑尺及一支小游标组成的。只要移动两尺的距离及游标，就可以轻易地求出计算的结果。计算尺适合应用在乘除、对数及三角函数的计算中。由于这些计算是工程设计人员大量的、经常性的工作，使用计算尺就可以大大减轻计算工作量，因此计算尺被普遍应用在工程计算方面。直到20世纪六七十年代，拉计算尺还是工程师的一项必备的技能。

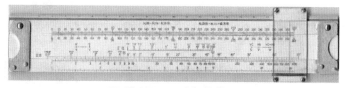

■ 图 2-2-1　对数计算尺

应该指出的是，计算尺的设计原理是以"量"的关系为主的，这种方法与算盘主要用"数"的设计原理有所不同。

随着集成电路计算器及个人计算机在20世纪70年代末的迅速普及，这种应用了几百年的工程计算工具很快就"寿终正寝"了。

■ 图 2-2-2　航海用圆盘计算尺

手摇计算机

1641 年，青年的布莱兹·帕斯卡（Blaise Pascal）发明了第一部由轮盘和齿轮构成的计算工具——手摇加法演算机。这种演算机在结构上比较复杂，但使用上却很简单，只要按照规定把数值设入机器，然后转动机器摇柄，就可以得到演算的结果。这种机器可直接用数字设定资料，操作方法单纯，所得结果以数字方式在读数窗显示，很容易使用，同样可以解决加、减、乘、除等问题。

帕斯卡的手摇加法演算机的原理很简单，有点儿类似汽车上的里程表，只是把轮盘分成十等分，以每个等分代表一个数量单位，并在轮盘上标记十个数字，然后利用轮盘向左或向右旋转的方向表示加或减，利用这个原理从事乘（连加）或除（连减）的运算。

从外观上看，最早的一个帕斯卡的加法演算机是一个长 36 厘米，宽 13 厘米，高 8 厘米的黄铜盒子。

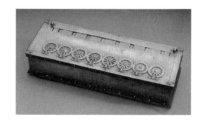

■ 图 2-2-3　帕斯卡与帕斯卡的加法演算机

德国著名数学家莱布尼茨（Gottfried Wilhelm von Leibniz）制造的乘法器可以进行四则运算，算得上是一种早期的计算机，但是没有得到很好的推广应用。另外，莱布尼茨在研究二进制的过程中受到中国八卦图形的启发，他认为中国古代的"八卦"是世界上最早的二进制，并特意制造了一台手摇计算机，托人带给了中国清朝的康熙皇帝。这也是数学史乃至计算机发展史上的一件趣事。

■ 图 2-2-4　莱布尼茨与他的乘法器

　　虽然莱布尼茨的乘法器没有得到推广应用，但他设计的著名的"莱布尼茨梯形轴"在计算机发展史上却具有重要地位。

　　值得一提的是，以莱布尼茨梯形轴工作原理为基础的托马斯计算机在 19 世纪初投入批量生产，这是计算技术的一个突出成果。以前的机器大多只被生产过一台或几台，因为它们或是发明者自己用来工作的，或是从来没有运行过的。托马斯（Thomas de Colmar）在 1818 年开始设计，1820 年制成了自己的计算机。1821 年在工厂生产了 15 台，之后达到了年产 100 台以上的水

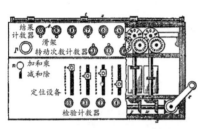

■ 图 2-2-5　托马斯机示意图

平。在某种意义上可以说，是托马斯开创了计算机制造业。相对而言，托马斯机计算速度快，可以在 15 秒内完成两个 8 位数相乘，在 25 秒内完成一个 16 位数除以 8 位数的运算。

　　托马斯机被欧洲的英、法等国用了整整一个世纪。

　　英国科学家查尔斯·巴贝奇（Charles Babbage）在 19 世纪前期就提出了超前的计算机理论，在政府的资助下他进行了机械式计算机的研究开发工作。他的最有价值的思想，是认为计算机应该实现带有程序控制，实现完全自动化的计算过程。这个理论在当时的技术条件下不可能

■ 图 2-2-6　查尔斯·巴贝奇

■ 图 2-2-7 巴贝奇设计的分析机

实现，直到 20 世纪中期，电子计算机问世时，这个理论才变成现实。

英国著名诗人拜伦（George Gordon Byron）有一个身为科学家的女儿，她的名字叫阿黛（Ada Lovelace）。她不仅协助巴贝奇做了大量的研究工作，还第一个提出了"程序设计"的概念，并且设计了理念超前的分析机，而且提出许多巴贝奇也未曾提到的新构想，比如她曾经预言："这个机器未来可以用来做排版、编曲或是有各种更复杂的用途。"

居住在俄罗斯圣彼得堡的奥涅尔发明了一种体积比托马斯机小、功能相近的机械计算机。它的主要特色是，使用齿数可变的齿轮代替莱布尼茨梯形轴，简化了结构，缩小了尺寸。在 19 世纪 90 年代，这种机器得到大规模应用，20 世纪初，这种机器成为最主要的计算机。1914 年，仅在俄罗斯就有 22000 台奥涅尔手摇计算机在工作。

■ 图 2-2-8 计算机程序设计的先驱阿黛

这时，虽然机械计算机的设计日趋完美，但使用者往往还不是很满意。这是为什么呢？人们感觉到，不管使用哪一种计算工具，除了使用和操作方面有所不同外，对于相同工作所花费的时间几乎差不多。因为，在整个运算过程中，

■ 图 2-2-9 奥涅尔手摇计算机的后代

"计算"仅仅是其中的一个部分。除"计算"以外，整个过程还包括"把资料输入机器""控制运算过程"及"处理结果输出"等步骤。这些步骤的效率不提高，总效率就无法提高，计算提高的效率就不太明显。在一段时间里，人们偏重于计算方面的研究改进，忽略了其他步骤的革新，所以综合效率没有大的改善。为了提高计

算过程的综合效率，人们开始注重外部设备以及传输手段的研究和改进。

初期的机械计算机工作状态如下图：

自动输出设备的发明

人们在 1880 年前后又发明了能把计算结果自动印出的设备。有了这种设备，整个计算过程的速度获得了比较明显的改善。这时计算系统的工作状态如下图：

与此同时，一些发明家继续致力改进计算机的输入和输出的设备。1885 年，一个瑞典科学家提出了一种"书写式计算机"的方案，可以认为是今天手写输入法的先驱。限于当时的技术条件，该方案未能达到实用水平。但是，这种大胆的想象，还是为许多人打开了思路。如 1892 年问世的书写式加法机，1896 年问世的按键式四则运算计算机都是在这个思路的启发下发明的。按键输入数字的技术改进结果，产生了专用的键盘，进而引出了打字机的发明。以后，计算机和打字机的结合，就产生了一度在商业部门广泛应用的"门－霍普金斯打字计算机"。

能够输出结果的、带有印字设备的机器经过不断的改进，渐渐演变成了后来的"收银机""记账机""会计机"等处理事务性工作的机器。这一类机器的主要特色是使用键盘为机器输入资料，能自动输出计算的结果。

我国明清时期，商业用的计算与书写也曾有一体化的改进尝试，但是没有朝着机械化的方向发展，只是把笔砚、算盘和手工秤打包在一起（见图 2-2-10），便于流动经商时携带。

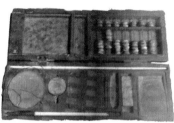

■ 图 2-2-10 中国古代一体化的商业工具

"电动"与"电控"的初步应用

19 世纪末到 20 世纪初，人类逐渐掌握了应用电能的技术，发明了电动机。这时，就有人在手摇计算机上安装了电机，用它来带动齿轮的运转，并且用有"＋""－""×""÷"等功能键的键盘来控制旋转的方向和次数。这样，手摇计算机就改进成为"电动"的计算机，节省了部分人力，加快了计算速度，使用起来也比以前方便多了。

1888 年，美国国情调查局的工作人员霍列瑞斯（H. Hollerith）把机械统计原理与信息自动比较、分析相结合，制造出统计分析机。他在这台机器上使用了最新的弱电流技术的成果，使之成为用机电原理工作的机器。它的工作原理是：穿孔卡片放在压力机的底部，下面是水银杯，水银杯的数量等于穿孔卡片上可能有的最多孔数。给水银杯中通电，用摇把将压力机可移动的部分放下来和卡片接触。当卡片这个位置没有打孔时，金属棒遇到障碍退回，相应的计数器不计数；如果没有障碍，说明在卡片相应的位置有孔，金属棒接触水银杯就会闭合相应的电路，使对应的数据加 1。使用有 80 个计数器的霍列瑞斯机，每次能把人口按 8 个项目、每个项目有 10 种回答来做分类统计。19 世纪末，霍列瑞斯机曾在美国、加拿大、奥地利、挪威、俄罗斯的人口调查中发挥了很大作用。

■ 图 2-2-11 统计分析机的发明者霍列瑞斯

■ 图 2-2-12　霍列瑞斯制造的统计分析机

自动处理与输入设备的继续改进

　　人们在不久以后又逐渐发明出了一种叫作"卡片资料处理系统"的计算设备，利用这种设备，可以通过插线方式或卡片穿孔的方式把运算程序事先安排好，无须再用人工去控制"＋""－""×""÷"，而由机器在需要时自行将其读入。至此，计算机已经大大地改进了处理数据的能力。这种处理方式一直延续到电子计算机产生以后的相当长的时期。

■ 图 2-2-13　老式卡片穿孔机与不同时期的穿孔卡片

（三）电子计算机诞生的前奏

随着继电器制造技术的成熟，在 1937 年，哈佛大学的艾肯（Howard Hathaway Aiken）开始设计 MARK I。这是世界上第一个使用继电器做计算元件的计算机系统，在 IBM 公司和美国海军支持下，于 1944 年完成制作。MARK I 是一套能够按顺序处理一长串算术与逻辑运算的大型计算机，它可以接受打孔纸带的指令，并且能自动印出计算处理后的结果。整套系统同时拥有存储器、控制器及计算单元。但是，由于 MARK I 使用继电器作为计算元件，严格来说仍然属于机电式的计算机，算不上"电子"计算机。与后来的电子计算机相比，

它的作业速度缓慢，写一条指令就要在穿孔纸带上凿一排（24 个）孔，穿孔带的速度是每分钟 200 步，每完成一次加减运算需 0.3 秒，完成一次乘除运算分别需 5.7 秒和 15.3 秒，采用的是十进制。

MARK I 计算机的出现标志着计算技术向着全面自动化迈出了重要的一步。这台机器由 IBM 公司制造，在 1944 年送给了哈佛大学，使用 15 年后退役。

■ 图 2-3-1　继电器计算机的设计者艾肯

上述计算机器和配套设备的陆续研制成功，标志着信息处理的过程已经初步实现了自动化。后来，为了使机器能够同时处理不同性质的资料，人们又

在机器上添加了一种能够分辨资料与资料之间关系的"逻辑功能"，并且发明改进了"内部存储装置"（简称"内存"），这种装置不但把以前靠外部插线安排程序的方式改为由键盘输入内存的方式，同时还能把运算中的数据保留在内存之中。以后，外部存储设备的发明，进一步完善了机器的使用效果。

■ 图 2-3-2　艾肯设计的 MARK I 计算机

　　20 世纪中期，随着电子技术和制造工艺的进步，计算机在运算、输入、输出及辅助存储设备的研制方面都取得了巨大的进步。借助先进的通讯手段，人们还可以把资料迅速地在两地之间传递。这种具有自动输入、自动处理、自动输出功能，并能保存资料的计算机，就已经是我们俗称的"电脑"了。它的确切名称应该是"电子信息处理系统"。

三、电子计算机的发展历程

通过前面的叙述，我们已经大致讲述了从原始的计算工具到形成机电式计算机的简单脉络。相信大家对人类计算工具的发展过程有了一些初步的认识。下面，我们再结合几种典型的机器把现代计算机的发展过程作一个简单的介绍。

（一）第一代电子计算机——真空电子管计算机

独得"天时"的 ENIAC（1943—1946 年）

我们习惯上认为世界上第一台能够实用的通用电子计算机"埃尼亚克"（ENIAC，即 Electronic Numerical Integrator And Calculator，"电子数字积分计算机"的缩写）诞生的时间是 1946 年 2 月。其实，这只是它进行第一次公开展示的时间，在此之前，它已经在进行一些重要的计算工作了。

从 1883 年发现著名的"爱迪生效应"到弗莱明在实验室中制造出第一只真空电子管，再到德·福雷斯特证实了电子管对信号的放大作用，总共经历了近 30 年。1910 年以后，真空电子管技术逐步成熟，科学家不断探讨它可能的用途。除了在广播通信方面的广泛应用外，有的专家还考虑用它来制造速度更快的计算机。在这种技术进步的背景下，1942 年 8 月，美国宾夕法尼亚大学（The University of Pennsylvania）的莫克莱（J. W. Mauchly）与爱克特（J. P. Eokert）提出了 ENIAC 的设计与实现方案。

■ 图 3-1-1　埃尼亚克的设计者莫克莱（左图）与爱克特（右图右一）

由于这台机器设计的高速运算能力很适合美国军方弹道实验室的工作,所以,方案提出后的第二年就在美国军方的支持下开始实施。1945 年底,埃尼亚克制造完成。1946 年 2 月,埃尼亚克作了第一次公开表演。现在人们大多把这个时间作为世界上第一台电子计算机的诞生日。

图 3-1-2　埃尼亚克

此后,埃尼亚克被运到弹道实验室做科研计算。

埃尼亚克的研制耗资 48 万美元,研究人员约 200 人,其中工程师和数学家共有约 30 人。限于当时的技术水平,这台机器体积庞大,共使用了 18000 多个真空电子管,1500 个继电器,功率为 150 千瓦。这台机器没有内部存储设备,只有 20 个数的存储量,程序命令全靠插拔外部插头来安排,所以需要许多时间来为它的运算准备程序,这就限制了它的高速性能的发挥。它的这一弱点与机电式计算机相同。而且,由于电子管的平均寿命较短,功耗很大,现在看来很不经济。尽管如此,埃尼亚克每秒可以运算 5000 次,还是比当时最好的机电式的计算机的速度快了 1000 倍。

据说,因为英国的蒙巴顿将军把"ENIAC"的出现比喻为"诞生了一个电子的大脑","电脑"的名称由此流传开来。

爱迪生

弗莱明

德·福雷斯特

图 3-1-3　对电子管发明有重要贡献的三个人

应该指出的是，埃尼亚克是美国军方为了计算与编制炮弹的弹道表以及解决飞行器的计算问题而专门拨款支持的，所以它的研制没有受到财政方面的困扰。实际上第一个提出电子计算机方案的人是阿塔那索夫，但因为其研制工作的目标预定是解决农业问题而被中途搁浅。

图 3-1-4　第一代电子计算机的基本元件电子管

生不逢时的 ABC（1937—1941 年）

艾奥瓦大学的阿塔那索夫（John Vincent Atanasoff，1903—1995 年）教授在 20 世纪 30 年代末开始构思计算机的结构，并在 1939 年构思成熟，如逻辑电路、二进制码、记忆元件……都在其构思之内。更重要的是，他打算采用电子管作为开关元件。

由于他对电子技术不太熟悉，于是从电子工程系物色到一位应届毕业生贝瑞（C. Berry）作为合作伙伴。阿塔那索夫和贝瑞计划制造的电子计算机，可以解出有 30 个未知数的方程，可是他们只申请到 600 美元的研制经费，这些钱仅够制造它的一个部件。所以直到 1939 年 10 月，

图 3-1-5　ABC 电子计算机的设计者阿塔那索夫

他们才装配出一台试验样机。这台机器叫"ABC"，是"阿塔那索夫 - 贝瑞 - 计算机"三个英文单词的首字母。ABC 电子计算机使用了 300 多个电子管，于 1941 年年底基本定型，这时由于美国正式参加反法西斯战争，贝瑞离开学校前往一家军事工程公司工作，这台机器原定的目标没有实现。

ABC 电子计算机 1946 年被人拆散，逐渐被人遗忘。但是，ENIAC 的发明者莫克莱确实曾经到艾奥瓦大学参观过 ABC 电子计算机，由此受到过阿塔那索夫设计思想的很大启发。所以，后来也有人认为，第一台电子计算机的称号应该属于 ABC 电子计算机。

在 1973 年，美国一个州的联邦法庭在经历了长时间的调查之后，判定现代计算机的基本想法是来自阿塔那索夫的，由此推翻并吊销了莫克莱（ENIAC）的专利，并且从法律上认定了阿塔那索夫是现代计算机的发明人。他也由此被称为"电子计算机之父"。

需要说明的是，这场官司的原告和被告是两个公司，主要涉及的是商业利益之争，起因是收缴专利费的问题。

■ 图 3-1-6　阿塔那索夫的 ABC 电子计算机（复原图）

湮没于二战硝烟中的 Z1 与 Z3（1936—1941 年）

比阿塔那索夫的 ABC 电子计算机命运更为坎坷的，还有德国工程师朱斯（K. Zuse）发明的 Z1 计算机。1936 年，20 多岁的朱斯在柏林的家里搞出了一台名叫 Z1 的机电计算机。

朱斯当时在柏林一家公司从事统计工作，出于"想偷懒"的目的，开始研究计算机。他当时一无经费资助，二无资料借鉴，也无法得知英美科学家正在进行的工作。由于 Z1 速度太慢，朱斯又使用继电器对他的机器进行改造，终于在 1941 年制作完成了性能更好的计算机 Z3。但 Z3 的诞生

■ 图 3-1-7　德国工程师朱斯

并没有什么人知晓，更没有受到德国
官方的重视。而且 Z3 的命运也很糟糕，
它在 1944 年盟军的一次空袭中被炸得
粉身碎骨。

人们在战后才得知，朱斯发明的
也是一种使用了二进制方式的运算机
器，这种继电器计算机要比著名的机
电式计算机 MARK Ⅰ 提前 3 年问世。朱

■ 图 3-1-8　朱斯与战后复原的 Z3

斯的发明很不幸诞生在战争时期的德国，所以他的发明在相当长的时间内得不
到承认。

此后，朱斯流落到瑞士的乡村，转向研究"计算机演算"理论。直到 1962 年，
他才与美国科学家艾肯并列，被认定为计算机的发明人之一，得到了应有的
荣誉。

验证经典理论的 EDVAC（1945—1952 年）

EDVAC（Electronic Discrete Variable Automatic Computer）电子离
散变量自动计算机，由研制埃尼亚克的同一个科研组研制，采用了冯·诺依曼
（John von Neumann）的计算机理论（见下文）作为指导，技术参数要比埃尼
亚克好得多。它的容量要比埃尼亚克大，体积却比埃尼亚克小得多，这是因为
使用了一些半导体二极管，电子管的数量大大减少，只用了 3500 只。与埃尼

亚克采用十进制系统计算不同，这台机
器使用了二进制数字系统来计算，且具
有内部存储命令的能力，在其他方面也
有不少改进。

冯·诺依曼直接领导研制的 EDVAC
于 1951 年投入运行。这台机器第一次实
现了冯·诺依曼提出的控制器异步工作
原理，使用了并行工作的运算器和存储

■ 图 3-1-9　冯·诺依曼与 EDVAC

器，工作速度很快，在 1956 年以前，它的计算速度一直保持着世界领先地位。

名扬天下的 UNIVAC（1951 年）

1951 年问世的 UNIVAC（Universal Automatic Computer）——通用自动计算机，是美国第一部批量生产的、主要用于处理商业信息的机器。UNIVAC 使用磁带实现信息的输入与输出。它也是第一部可以同时处理文字与数字资料的机器。它的研制者就是埃尼亚克的两位主要设计师。

UNIVAC 的批量生产是电子计算机发展的一个里程碑，它标志着计算机已经不再是军事机构的专用产品，自此电子计算机开始为人类的其他领域服务。

UNIVAC 还有一个传奇性的故事，就是用它进行分析，成功地预测了当时美国总统大选的结果，使计算机一时名扬天下。

但是，要论使用最广泛的第一代计算机产品，应该是 IBM-650。从 1954 年开始，这种型号的机器共生产了 1600 多台，产量占世界上所有通用电子管计算机总量的三分之一以上。

■ 图 3-1-10　UNIVAC

■ 图 3-1-11　IBM-650 计算机

（二）冯·诺依曼和图灵的计算机理论

埃尼亚克的产生，证明了应用电子真空这种新技术能够取得更高的计算速度和工作效率。之后，各国科学家对研制计算机表现出巨大热情。当时，电子计算机设计面临的基本问题是：怎样才能最大限度地发挥电子学研究的新成果所带来的优越性。

冯·诺依曼的计算机经典理论

在分析埃尼亚克方案的优点和弱点的基础上，冯·诺依曼提出了具有深远影响的计算机设计的基本方案。

杰出的数学家冯·诺依曼和他的两个同事共同起草了普林斯顿远景研究学院的报告，即《关于电子计算装置逻辑结构的初步探讨》（1946 年 6 月）。在这份报告中，冯·诺依曼提出了计算机设计的基本方案。直到现在，他所阐述的原则仍然没有被突破。冯·诺依曼报告发表以后不久，美国的许多学院和厂家纷纷开始了对计算机的研究和开发工作。

冯·诺依曼在报告中阐述的基本思想如下：

1. 采用电子元件的计算机不应采用十进制，而应当采用二进制。

2. 程序应当放在机器的一个部件（存储器）中。这个部件要有足够的容量和相当快的速度来选取和书写程序指令。

3. 机器要处理的程序和数据，都要写成二进制码，使指令和数据的形式保持一致。这将给机器带来重要改良：①中间计算结果、常数和其他数据都可以和程序一起放在存储器中；②将程序写成数据形式，使机器把程序指令作为数据处理。

4. 由于当时制造速度快的存储器遇到困难，要想使存储器速度与逻辑电路工作速度相适应，就应该采用多级存储结构。

5. 由于机器的运算器是在加法线路的基础上制成的，制造专门完成其他运算的装置不合算。

6. 机器采用并行计算原理，即对一个字的各位同时进行处理。

应当指出，某些类似于冯·诺依曼的思想早已有人提出过。例如，在巴贝奇的方案中就提出了保存数据的专门存储器的思想。早在 1940 年就有人在文章中谈到过在采用电子元件的计算机中使用二进制的合理性。在阿塔那索夫的方案中也

■ 图 3-2-1 计算机经典理论的奠基人冯·诺依曼

使用了二进制码。

冯·诺依曼的理论功绩在于，他不仅提出并系统论证了以上的新概念，还研究了实现设计思想的方法：EDVAC 和 IAS（Institute for Advanced Study 简称 IAS，即普林斯顿高等研究院）机方案。冯·诺依曼在他的第一个报告中就已经阐明了 EDVAC 方案的特点；第二个报告介绍了 IAS 计算机的主要部件的具体特点，如控制器、输入输出、存储器和运算器。后来各国科学家研制计算机的经验都证明了冯·诺依曼全部结构理论的正确性。冯·诺依曼的报告对通用电子计算机线路结构理论的巨大贡献是无与伦比的。

冯·诺依曼特别强调了使用二进制的作用。在计算机设计中采用二进制，一方面是因为二进制本身固有的一些优点，另一方面是由电子元件本身的特点所决定。

二进制和现在广泛使用的十进制一样，是一种进位制。它是这样的一种数制：用以表示数的符号（数字 0 或 1）由于在书写中的位置不同，而具有不同的值。各种进位制（十进制、二进制）是指它用以表示数的符号的数目。比如十进制在一个位上用十个符号（0，1，……，9），二进制在一个位上用两个符号（0，1）。

在历史上，17 世纪就有人提出过，并开始研究二进制。随后，帕斯卡在 1658 年指出，任意正数都可以用作数制的底。帕斯卡第一次注意到，从算术运算的简便来看，十进制并不如某些其他数制，例如二进制。1670 年，西班牙主教罗布克维茨首先研究了包括二进制在内的各种数制的写法。1703 年，莱布尼茨初次介绍了二进制算术运算，并指出它用于某些理论研究中的好处。

广泛地应用二进制是由于电子计算技术的兴起。最主要的原因是：电子元件的双稳态工作性质、二进制较高的经济性和对二进制数进行算术运算的简易性。在当时它最适合于反映计算机电子元件的工作特点。

冯·诺依曼指出："我们的主要存储部件，按其性质来说最适于二进制……"触发器实质上也是二进制设备。在用磁导线或磁带做成的存储器中，以及用声延迟线做成的存储器中，同样使用两种不同状态：当使用固定频率的序列脉冲时，有或没有脉冲，或是脉冲的极性……所以，假定使用十进制……

10 个数都要用二进制编码，而且每位十进制数至少要用 4 位二进制数表示。为了表示同样的准确度，10 位十进制数至少要用 40 位二进制数。而用二进制表示时，33 位数字足以达到 10 的负 10 次方的准确度。所以采用二进制从使用上说也更为经济。

二进制与十进制相比，主要优点是执行基本运算时简单且快。而且，就机器运行的性质来讲，它的主要部分并不是运算，而是逻辑。新的逻辑是"是－否"的二值系统。制造二进制的运算器，将更适合制造同一类型的机器，它的结构将更好和更有效。

冯·诺依曼论证二进制优点的最后一个证据值得特别注意。采用二进制就面向着使用二值逻辑，它将减少设备数量和简化机器逻辑线路，而且可以用逻辑代数的办法来分析和综合计算机线路以简化机器的设计工作。

冯·诺依曼的报告中不仅阐述了新的思想，而且有实现这种思想的具体方案。我们在前面提到过的 EDVAC 就是其中之一。

■ 图 3-2-2　现代计算机理论的奠基者——阿兰·麦席森·图灵

20 世纪 50 年代中，在 UNIVAC 公司开始生产计算机不久，IBM 公司和其他公司也加入了生产计算机的竞争行列。计算机的应用范围从军事、科学计算扩大到民用，发达国家的工业、交通、商业和金融等领域开始应用计算机。

20 世纪 50 年代后半期，IBM 公司发明了浮动磁头技术，为 20 世纪 60 年代以后制造广泛使用的新型存储器——磁盘存储器创造了条件。1951 年，英国的威尔科克斯提出"微程序"的思想，它在第二代、第三代计算机上被广泛使用。

人工智能之父——阿兰·麦席森·图灵

阿兰·麦席森·图灵（Alan Mathison Turing, 1912—1954 年），英国数学家、逻辑学家，他被视为计算机科学之父，人工智能之父。

1931 年，图灵进入剑桥大学国王学院，毕业后到美国普林斯顿大学攻读博士学位，二战爆发后回到剑桥。

1936 年，图灵在伦敦权威的数学杂志上发表了一篇重要论文，题为《论数字计算在决断难题中的应用》，给"可计算性"下了一个严格的数学定义，并提出著名的"图灵机"（Turing Machine）的设想。"图灵机"不是一种具体的机器，而是一种思想模型，根据它可制造一种十分简单但运算能力极强的计算装置，用来计算所有能想象到的可计算函数。"图灵机"与

■ 图 3-2-3　德军当年的密码机——"谜"

"冯·诺依曼机"齐名，永远在计算机发展史上熠熠生辉。

另外，图灵曾领导一个科研小组协助军方设计制造了"科洛萨斯"（Colossus）计算机，破解了德军著名密码系统"谜"（Enigma），在帮助盟军取得二战胜利上起到了重要作用。

据说，这是一台以继电器为主要元件，同时使用了一些电子管的计算机。详情究竟如何，因为英国的保密制度，至今也不为世人所知。随着相关历史的揭密，科洛萨斯之谜出现了不同的解释版本。

1950 年 10 月，图灵又发表了一篇题为《机器能思考吗？》的论文，成为划时代的经典之作。也正是这篇文章，为图灵赢得了"人工智能之父"的称号。

■ 图 3-2-4　"科洛萨斯"（Colossus）计算机

（三）第二代计算机——晶体管计算机（1958—1964 年）

计算机应用范围的扩大，对促进计算机技术的发展有巨大的推动力量。最新的技术又不断应用于计算机的生产。当然，最好的机器最初是用于国防尖端产品，如计算机的实时控制首先在卫星、宇宙飞船、火箭的制导方面发挥了关键的作用。但这些技术一般在两三年后就会向民用产品转化，譬如，将它们用于工业自动控制和企业管理。这样，计算机一步一步地走出了实验室和军事部门，成为人们实用的信息处理工具。

20 世纪 50 年代中期，美国麻省理工学院（MIT）林肯实验室和著名的贝尔实验室先后研制出晶体管实验机型 TX-0 和 TRADIC。麻省理工学院还将自己研制的 TX-0 和 TX-2 进行连接，用于军方的防空系统。而在实际上，20 世纪 50 年代中期第一批机载晶体管计算机就已经投入使用。

图 3-3-1　晶体管的发明者肖克利、巴丁和布拉顿

真正形成商品化生产的晶体管计算机，第一个产品是 IBM 公司的 7090 型计算机，它也是第二代计算机的标志性产品。

晶体管是美国贝尔实验室在 1947 年 12 月发明的。后来，当科技的进步使半导体技术达到了实用的阶段时，人们先用它制造了大批收音机，以后才开始研究用这些耗电少、寿命长、体积小、可靠性更高的晶体管来制作计算机。这些用晶体管制成的机器被人们称作第二代计算机。

第二代计算机由于采用晶体管电路，与第一代相比，不仅缩小了体积，还大大提高了计算速度和工作的可靠性，存储容量也有

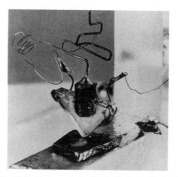

图 3-3-2　实验室里最早的晶体管

进一步的提高。由于降低了成本，价格也比第一代低了许多，于是，许多商业公司开始使用计算机。计算机使用量的大大增加，反过来又促进了计算机的开发与生产。

IBM 公司生产的第二代计算机的主要机型有中型机 IBM-1401，大型机 Stretch。最大型的第二代计算机是 Control Data 6600。

■ 图 3-3-3　第二代计算机中的巨无霸 Control Data 6600

在这一阶段，科学家研究并开发了各种算法语言，如 FORTRAN、ALGOL、BASIC、PL/1 等，并使之在计算机的开发中得到广泛的应用。计算机科学因此在 20 世纪 60 年代前期发生了技术性的革命：软件原来不过是程序设计、计算机运行的辅助工具，现在已经变得与硬件同等重要。人们研究开发的对象，不再是孤立的硬件和某些专用软件，而是由硬件手段和软件手段统一合成的计算机系统。

计算机工业控制系统在此阶段也开始应用。

（四）第三代计算机——中小规模集成电路计算机（1964—1970 年）

1964 年，IBM 公司推出采用了集成电路的 IBM-360 型计算机，标志着第三代计算机问世。这一代计算机在技术上又有许多新的突破。

第三代计算机，又称为集成电路计算机。它采用了一种全新的设计，使用固态逻辑微电路，将晶体管、电阻、导线等浓缩在一块半平方英寸（约 3 平方厘米）大小的硅晶薄片上。这种小薄片被称为"集成电路（IC）"。

■ 图 3-4-1　最早的集成电路

集成电路是基尔比（Jack Kilby）和诺伊斯（Robert Norton Noyce）两个人在不同的环境下，使用不同的方法各自独立完成的，虽然以后有发明权之争，但是，美国和世界的评奖委员会均把荣誉同时授予了这两个人。

集成电路可以很快地执行计算机指令，并且使过去认为不可能实现的操作变为可行。采用了集成电路的计算机体积更小，可靠性更高，维护工作也相对减轻。与此同时，大容量存储设备的研制也有很大进展。

这一时期，许多计算机厂商纷纷生产了一系列相似而且互相兼容的计算机。在计算机硬件大踏步前进的同时，各种计算机高级语言相继开发成功，如 LISP、COBOL、LOGO、PASCAL、C 语言等先后问世。计算机的高级语言可用于不同的计算机，用高级语言开发的计算机程序可用于各个不同的计算机，而不必重写，这样就极大地方便了用户。例如，用户在使用小型的计算机后，因需要更换大型计算机工作时，可以不必改写程序或变更资料就可直接用原程序和数据来工作。这种情况又促进了计算机的结构设计向开放、兼容的方向迅速发展。

■ 图 3-4-2　发明集成电路的基尔比（左）和诺伊斯（右）

大多数第三代计算机都具有可以同时处理科学和商业数据的能力。用户在一套机器上，可以同时处理几种不同类型的资料，这是一个巨大的进步。因为在这以前，处理这些不同的工作需要用户拥有多套计算机系统。IBM 公司 1964 年推出 360 系列大型机是美国进入第三代计算机时代的标志。

■ 图 3-4-3　第三代计算机的经典机型 IBM-360

顺便说一句，20 世纪 60 年代末至 20 世纪 70 年代初，美国实施的阿波罗登月计划，使用的基本上就是第三代计算机。

（五）第四代（大规模集成电路）计算机的心脏——微处理器的发展（1971 年至今）

美国著名的微处理器制造厂商英特尔（Intel）公司是由肖克利的三位学生于 1968 年创建的。戈登·摩尔（Gordon Moore）、罗伯特·诺伊斯和安迪·葛鲁夫（Andy Grove），在计算机界早已是名震天下。

人们一般把大规模集成电路计算机的起点定在 1971 年，因为在这一年应用了大规模集成电路的微处理器"4004"问世。1971 年，英特尔公司的集成电路研究有了突破性的进展。一名叫泰德·霍夫（Ted Hoff）的工程师成功地在一块

■ 图 3-5-1　世界第一款微处理器 4004

12平方毫米的硅片上集成了2300个晶体管，制成了一款包括运算器、控制器在内的可编程序运算芯片，这就是世界上第一款商用微处理器4004。它每秒能运算6万次，推出时的售价为200美元。

但是，据说用作军事用途的大规模集成电路计算机在1967年就已经生产出来了，它是由美国军方研制的，用于F14雄猫战斗机的CADC（Center Air Data Computer），它的构造比4004还要简单，整体由6颗芯片组成。

■ 图3-5-2　4004芯片的设计者霍夫

这种包括运算器、控制器在内的可编程序运算芯片，后来被人们称之为"中央处理单元（CPU）"，一般称为"微处理器"。

而实际上，英特尔公司的创始人之一——戈登·摩尔在1964年，就敏锐地观察到这项新技术的发展趋势。那时他还在仙童公司，他通过计算，预测集成电路上的晶体管数量将按几何级数快速增加，集成电路的复杂度（芯片上可容纳的晶体管数）平均每18个月至两年增加一倍。集成电路的运算性能也会提高一倍，而价格会下降一半——这就是著名的"摩尔定律"。

但需要指出的是，摩尔定律并不是自然科学定律，而是一个以微电子学为基础，集自然科学、高新技术、经济学、社会学等为一体的多学科、开放性的规律。所谓18个月，是一个约数。但是，它现在已经被几十年计算机技术发展的实践一再证实，其科学性、预见性无可置疑。

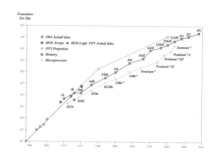

■ 图3-5-3　摩尔与摩尔定律

此后，微处理器芯片的集成度一直遵循着"摩尔定律"在飞速发展。4004 微处理器问世，不仅代表着大规模集成电路技术达到了应用的阶段，也标志着微型计算机时代的开始。

微处理器是用先进的制造工艺蚀刻并在细小硅半导体晶片上制作完成的集成电路，在计算机中又称为"CPU"，这项技术发展极快，英特尔公司 1971 年推出的 4004 微处理器中只包含 2300 个晶体管，工艺为 10 微米（10000 纳米）制程。1997 年推出的"奔腾Ⅱ"微处理器已经包含 750 万个晶体管，工艺为 0.28 微米（280 纳米）制程。而 2010 年先后推出的 45 纳米和 32 纳米制程的酷睿 i5 以及 i7 微处理器，里面就已经集成了 5 亿～ 8 亿个晶体管。近几年英特尔的主流产品一直是 14 纳米制程的微处理器。2019 年 5 月，英特尔公司终于推出其最新 10 纳米制程的酷睿十代处理器，也许是因为其能耗有明显降低，所以取名为"冰湖（Ice Lake）"。

集成电路技术的快速发展和制作工艺的进步，促进了大规模集成电路的产生。大规模集成电路的产生，又为计算机的巨型化和微型化创造了前提。采用大规模集成电路技术，可以把一台微型计算机所有的电子元件集成到一块拇指大小的集成电路上。而且，它的性能在问世时就已经远远超过了我们前面说过的"埃尼亚克"。

计算机的集成电路的集成度越来越高，体积却越做越小，成本也越来越低，而主频越来越高，以此为基础的运算速度也越来越快。例如，前面说过的"奔腾Ⅱ"微处理器就包含了 750 万个晶体管，主频已经达到 400 MHz。2007 年底推出的酷睿二代 4 核 CPU，包含晶体管数已经达到了 8 亿个，主频达到 2.3 GHz！图 3-5-5 至图 3-5-12 就是英特尔公司和美国超微（AMD）公司不同时期的主流 CPU 产品的外观图。

■ 图 3-5-4 英特尔公司的三位创始人

■ 图 3-5-5　微处理器 8008 与 8086

■ 图 3-5-6　微处理器 80286

■ 图 3-5-7　微处理器 80386

■ 图 3-5-8　微处理器 80486

■ 图 3-5-9　"奔腾"芯片和"K5"

图 3-5-10 "奔腾Ⅱ"芯片

图 3-5-11 早期的"奔腾Ⅲ"芯片

图 3-5-12 酷睿九代 CPU

　　美国第二大微处理器厂商超微公司生产的 K6 微处理器含 850 万个晶体管，当时速度不低于同时期的"奔腾Ⅱ"系列芯片。而当年名列第三的赛瑞克斯（Cyrix）公司这时进行了一项创新，它研制生产的一种集成主板 MediaGX 甚至把显示卡、声卡的功能也集成在内，在当时的业界算得上是一个大新闻。当然，后来人们对于超微公司与赛瑞克斯公司的努力成果见仁见智，评价不一，甚至有人认为集成主板的研究直接导致了赛瑞克斯公司的衰落。然而，当我们看到，2000 年以后，集成了显示功能、声卡的主板在市场上已经是标准配置，现在最新的 CPU 产品内部甚至集成了最新的 Wi-Fi 功能和人工智能等模块时，我们对于赛瑞克斯公司当年的开创之功难道不应该抱持某种敬意吗？因为，至少他们是倒在了冲锋与探索的路上……

　　实际上，能够设计和制造微处理器的厂家还有几个大公司，只不过他们的"主业"不是生产经销 CPU 而已。例如，IBM 公司 2008 年问世的千万亿次超级计算机"走鹃"（Roadrunner），用的大多数芯片就是自家设计并生产的微处理器 Power6。IBM 公司 2007 年宣布推出有史以来最快的双核微处理器 Power6，并计划在它的主要服务器系列中采用这种芯片。Power6 处理器在当时的新型服务器和超级计算机中都显示出超高的性能。我国的超级计算机"神威•太湖之光"也是打破了外国的芯片封锁，使用了我国科技人员自行研制的"申威 26010"众核处理器，在 2016 年成为世界浮点运算速度最快的超级计算机。

Power6 处理器刚推出时的版本速度为 4.7 GHz，是上一代 Power5 处理器的 2 倍，此后的下一代产品在 6 GHz 的最高点运行，它的散热和功耗问题也解决得不错。在使用新一代处理器时，一般都可将性能提高 100％，或将能耗减少 50％。

■ 图 3-5-13 "神威·太湖之光"
使用的申威众核微处理器

■ 图 3-5-14 天河二号使用的英特尔
至强微处理器

计算机的集成度和运行速度越来越高，成本却相对越来越低。20 世纪 70 年代出现的第一台巨型机——克雷Ⅰ，每秒大约能进行 1 亿次计算，造价大约是当时的 100 万美元。但是，到了 20 世纪 90 年代，微型计算机的速度就已经达到那些巨型机的两三倍，而价格仅为 2000 美元。虽然对计算机的性能不能简单地依据主频来评说，但它毕竟是计算机的一项重要基础指标。现在，只要花上四五千元人民币就可以购置一台相当不错的个人计算机。随着互联网的大规模普及，现在计算机已经成为人们工作、学习和生活中不可缺少的工具。

也有一些人把现在集成了更多的晶体管和电路的计算机称之为"超大规模集成电路计算机"，认为这是第五代计算机。但是，多数专家并不同意这种说法。

■ 图 3-5-15 IBM 公司生产的 Power6 微处理器

附：微处理器的制作流程

大规模集成电路芯片，包括微处理器，从外观看，它们不过是一枚小小的硅片，然而，它的制作涉及多个领域的高精尖科技。下面，我们就来看一看微处理器大致的制作流程。

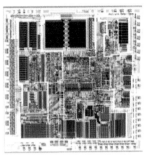

计算机芯片是由一层叠一层的、超薄的、如同迷宫一般的、像图案一样的材料组成的，而每一个微处理器中都含有几十个这样的图案层面。当然，这些都需要事先设计好，并逐步制作出来。

芯片一个层面的放大图

设计过程

在开始设计新的芯片之前，芯片设计人员先要收集各种信息，然后定义产品特性并设计出它的电路。在正式生产一个产品前，人们已经在设计上花费了大量的时间，投入了许多资源。例如，第一枚微处理器4004的设计就花了整整两年的时间。我国"龙芯"1号的设计调试，也曾经让中国科学院计算技术研究所的研制开发组付出了近一年的艰苦努力。

晶体管电路与逻辑

现在，一个芯片要包含几百万乃至上百亿个晶体管，由晶体管组成的开关电路，在工作时或让电流通过，或不让其通过。芯片设计者使用晶体管来完成3个基本的逻辑功能："与""或""非"。

在"与"的功能中，两个或更多的开关（晶体管）必须保持"通"的状态，以使电流通过电路。

在"或"的功能中，只需有一个开关（晶体管）保持"通"的状态，以使电流通过电路。如果多个开关（晶体管）保持"通"的状态，电流仍然可以通过。

在"非"的功能中，"通"与"断"是相反的。启动开关就会中断电路中的电流。

最初微处理器的手工设计草图描述的是所设计的芯片中包含的主要功能模块。功能模块确定后，设计人员就根据它来开发芯片的逻辑电路。

精确的掩膜

掩膜是制作芯片的十分重要的工艺。英特尔公司的方法是用覆铬的石英掩膜制造每一个芯片层。采用光刻法、蒸镀、腐蚀清洗和类似激光加工的工艺制作出极为精确的"图案"——晶体管及其电路。

那么，你能想象芯片有多薄？导线有多宽吗？

告诉你，世界上的第一块大规模集成电路芯片就是上面这张图片所展示的，叫 4004，是英特尔公司在 1971 年研制生产的。上面的电路有 12 微米（0.012 毫米）宽。2001 年底，当时世界的先进加工工艺已经够使芯片达到仅有 0.13 微米（0.00013 毫米）宽，也就是一根头

4004 芯片模型

发丝直径的 1/760；到了 2008 年，芯片制造已经进入了纳米（毫微米）时代。截至 2019 年上半年，计算机微处理器主流工艺制程已经达到 10 纳米，如英特尔公司 2019 年上半年新面市的酷睿十代 CPU 就是刚刚进入 10 纳米制程。其竞争对手超微公司的主流微处理器已经采用 7 纳米工艺制程。而手机 CPU 芯片也已经率先进入 7 纳米制程的时代，如华为公司的麒麟 980 和麒麟 985 芯片。

要生产这么精密的产品，一定需要特别清洁的环境，它要求生产车间要比医院的手术室里还要清洁许多倍。为了保持这样清洁的环境，芯片制造车间里的空气每分钟需要换 10 次。而且那里只允许使用黄颜色的灯光，因为使用白灯在生产过程中可能会对芯片造成损坏。

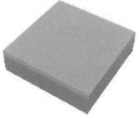

形成芯片的多层结构需要精确地重复以下的工艺步骤几十次：

1. 采取特殊方法在空白硅片的表面生成一层

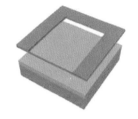

薄薄的二氧化硅。这层二氧化硅是不导电的。然后在上面覆盖上一层光刻胶——在紫外线的照射下，这种物质会很容易地溶解。

2. 用紫外线照射穿过掩膜，使图案暴露在硅片上。

3. 用溶剂把曝过光的光刻胶清除掉。这样就使下面一层的一部分二氧化硅暴露出来。

4. 清除这些暴露的二氧化硅和剩余的光刻胶，就会看到硅片的表面已经形成了像图案一样的二氧化硅。

然后再在硅片表面生成一层薄薄的二氧化硅；再涂一层导电的多晶硅；再涂一层光刻胶。让紫外线穿过第二层掩膜；用溶剂清除曝光的光刻胶，然后用蚀刻工艺清除曝过光的光刻胶以及它下面的二氧化硅。这将暴露部分硅片。再把化学杂质用严格的工艺渗入硅片暴露的部分，从而改变这一部分硅片的导电方式。然后清除掉剩余的光刻胶。

重复在硅片表面生成另一层二氧化硅、然后再覆盖一层光刻胶、让紫外线照射穿过第三个掩膜、再用溶剂清除曝光的光刻胶等过程。

用蚀刻工艺可制造孔洞，穿过多晶硅层直达硅基板，使多层电路相连。

重复制作多层晶体管电路后，最后在硅片上喷涂铝，将蚀刻的孔洞填满，使得各导电层之间可以相互通电。使用铝是因为铝具有良好的导电性能，而且容易与硅和二氧化硅相互黏结。

例如，英特尔为"奔腾III"处理器设计了单边接触（SEC）插盒，它通过一个单边连接器与计算机主板上的插槽相连接。但"奔腾4"没有使用这种方式。

"奔腾III"处理器

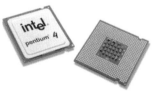

"奔腾4"处理器

切割和封装

　　在薄硅片上已经经过了蚀刻，形成了尚未切割的许多晶元，这就是 CPU 芯片的雏形。

　　把晶元切割开，就成为一个个 CPU 芯片了。

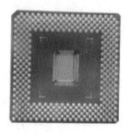

　　上图是还没有安装芯片的 CPU。下图是安装了芯片的 CPU，再加上一层陶瓷封装就是 CPU 成品了。

高性能的微处理器工作时会产生热量。这些热量可以通过冷却装置散发掉，散热板、散热片、小型风扇都可以有效地驱散"有害"的热量。

对成品芯片进行封装有两个目的：一是保护它们免受潮气、灰尘和划擦等其他环境危害的侵袭；二是为芯片提供与系统电路板通信所需要的电气连接。

芯片封装的主要步骤是：

1. 将芯片粘贴在特制的框架之上。

2. 使用金线作为芯片和封装框架之间的电气连接，这是因为金子不容易被腐蚀，而且导电性能极好。

3. 使用精度特别高的自动化机器把一根根极细的金线连接到芯片表面的焊接点和框架的金属引线上，用这种方法实现大批量的芯片生产。

4. 最后在芯片上覆盖一层保护层。再经过严格的测试、最后检查和标记，得到的合格品就可以使用了。

（六）微型计算机工业的兴起（1974 年至今）

1974 年，英特尔公司研制成功了一种代号为"Intel 8080"的微处理器。这成为一个时代——微型计算机时代的伟大开端。

1975 年美国新墨西哥州的 MITS（微型仪器与遥感系统）公司推出以Intel 8080 芯片为中央处理器的"牵牛星8800"计算机。一般认为，这是世界上第一台微型计算机。微型计算机的产生对人们日常生活的影响是很大的，现在的青少年有谁不知道掌握、使用计算机技术是走进 21 世纪的通行证？又有谁没有见过微型计算机？

■ 图 3-6-1　使用 Intel 8080微处理器的"牵牛星 8800"

微型计算机，人们又把它称为"个人计算机""个人电脑"。随着个人计算机的推出和不断进步，商业活动所涉及的计算机应用也大大改观。1975 年 1 月，MITS 公司推出了一种只要 500 美元即可组成微型计算机的套件。1976 年，史蒂夫·乔布斯（Steve Jobs）和他的一个朋友沃兹尼亚克（Steven Wozniak）一起设计了一套单一电路板的计算机——Apple，并于1977年组成"苹果"（Apple）计算机公司。他们把 Apple 稍加修改后推出 Apple II 计算机，并且"追认"他们当初组装的最初机型为 Apple I。在以后的几年中，其他一些小公司也陆续推出了许多相关的微型计算机产品，计算机制造业由此开始以前所未有的速度蓬勃发展起来。

■ 图3-6-2　苹果电脑之父史蒂夫·乔布斯(左) 和史蒂文·沃兹尼亚克（右）

■ 图3-6-3　最初的"苹果"计算机

■ 图3-6-4　"Apple II"和"IBM PC"

　　1981 年，世界上最大的计算机公司 IBM 公司正式加入了个人计算机制造商的行列，它首次推出的是 16 位的 IBM PC（Personal Computer，即"个人计算机"）。IBM 公司实力雄厚，创造出很多个人计算机的行业标准。此后，个人计算机在各类公司的各类信息处理上都被普遍应用。不管我们是否愿意把这个时期叫作"个人计算机时代"，个人计算机都将作为我们的时代标志之一载入史册。

　　这时，一个为钻研计算机软件的兴趣而中途辍学的大学生比尔·盖茨抓

住一个机遇，为个人计算机编写了磁盘操作系统
DOS 1.0，组建了微软（Microsoft）公司。这个
公司后来紧跟计算机技术的发展步伐，为个人计
算机提供了使用最广泛的操作系统：DOS 2.0 至
DOS 6.22，Windows 3.x，Windows 95……直至今
天的 Windows 10 以及众多的应用软件。直到现
在，微软仍然是世界上最大的软件公司。

■ 图 3-6-5 微软公司的创始人
比尔·盖茨

　　大规模集成电路计算机的发展过程，是围绕
着微处理器的升级更新进行的，英特尔公司不断推出的微处理器产品是这个历
程的一个缩影。我们择其典型产品看一看芯片制作技术的不断进步。

■ 图 3-6-6 Windows 1.0 的启动界面

■ 图 3-6-7 Windows 95 的启动界面

　　英特尔公司在 1971 年 11 月 15 日推出的第一枚 4004 芯片，其主频为
108 KHz，集成了 2300 个晶体管，采取 10 微米工艺制造。第一台个人电脑牵
牛星的"心脏"——8080 芯片的推出时间是 1974 年 4 月 1 日，它的主频为
5 MHz，后来增加到 8 MHz，为 8 位机，集成晶体管数为 6000 个，制作工艺达
到 6 微米……从 8086/8088 开始，经过 80286、80386、80486、"奔腾"、"奔
腾Ⅱ"、"奔腾Ⅲ"、"奔腾 4"的发展，到 2008 年，英特尔公司研发的最
新 CPU 已经达到了 8 亿个晶体管的集成度，使用了 45 纳米（毫微米）的制造
工艺。

　　2010 年的酷睿 i7-980X，制作工艺 32 纳米，晶体管数量 11.7 亿。2013
年的酷睿四代 i7-4960X，制作工艺 22 纳米，晶体管数量 18.6 亿。

　　截至 2019 年上半年，计算机主流微处理器最新的工艺制程已经达到 10

纳米。

有意思的是，英特尔公司的老对手美国超微公司近两年突然发力，率先采用 7 纳米工艺制程，而且在近期推出了以此技术生产的号称世界最强的、可用于超级计算机的 EPYC 众核处理器，打了英特尔一个措手不及。

除了集成度和主频越来越高，制作工艺越来越精细以外，微处理器也在向更加强大的多核、多功能、能耗小的方向发展。

计算机更新换代的时间间隔越来越短，与现代科技和制造工艺的飞速进步有直接的关系。计算机的不断进步，又为各个学科的迅速发展创造了重要的前提，打下坚实的基础。没有不断发展的计算机技术，就不会有高科技的产生，更不会有高科技的飞速发展。因为发展高科技离不开单靠人力难以完成的大量的科学计算。

■ 图 3-6-8　近年流行的大屏幕一体式计算机

（七）我国计算机事业的起步与发展

1956 年，在毛泽东、周恩来等党和国家领导人的关怀下，众多著名科学家，如华罗庚教授等开始筹备中国科学院计算技术研究所（以下简称计算所）的建设，着手研制电子计算机。我国的计算机事业由此起步。

1958 年，我国第一台小型电子管通用计算机103 机研制成功，标志着我国第一台电子计算机的诞生。当年 8 月 1 日，该机进行了短程序运行表演。为纪念这一日子，这台机器被称为"八一"型计算机。

■ 图 3-7-1 我国计算机事业的先驱华罗庚教授

尽管 103 机是苏联机器的仿制品，且诞生后有一段时间不尽如人意，但它毕竟是一台像模像样的先进设备，摆在了人们的面前！正因为如此，当时在科学院工作的张劲夫同志给它取了一个小名——"有了"。新中国成立不过 9 年，世界第一台电子计算机面世不过 12 年，我们就有了——"有了"。当时，该机器在北京有线电厂少量生产。

■ 图 3-7-2 1958 年诞生的 103 机

"八一"型计算机是根据当时苏联提供的 M-3 机设计图纸经局部修改，在苏联专家的指导下研制成功的，运算速度只有每秒几十次，后来给它安装了自行研制的磁芯存储器，运算速度提高到每秒 3000 次。

103 机与第二年问世的大型通用电子管数字计算机 104 机和 1960 年由我国科技工作者自行研制的小型通用电子计算机 107 机的先后研制成功，成为我国计算机事业划时代的开端。

当时的中国人民正在党的领导下团结一致，为改变一穷二白的落后面貌，为中国的繁荣、民族的复兴而奋斗，国内的计算机研制也不断取得新的进展。之后，一些专用计算机相继研制成功，紧紧跟随着世界先进水平。

■ 图 3-7-3　1959 年诞生的 104 机（研发主持人张效祥院士）

1964 年，计算所研制成功我国第一台自行设计的大型通用计算机 119 机，用于我国第一颗氢弹研制的计算任务。研制我国第一代计算机的科技工作者和工人们努力钻研先进技术，不计名利地为祖国忘我工作，留下了许多可歌可泣的故事。在那个年代，他们不愧是我国计算机研制的中坚力量。我国第一代电子管计算机在原子弹（104 机）和氢弹（119 机）研制中发挥了重要的作用。

■ 图 3-7-4　我国科学家独立研发的 107 机（研发主持人夏培肃院士）

由于当时受其他国家的影响，所以我国只能采取"全部采用国产器材，依靠自己的技术力量"的技术路线，正因为如此，119 机花了 5 年时间才研制成功。这说明在当时条件下，研制大型计算机一切从头做起是一件相当困难的事。

■ 图 3-7-5　我国第一台自行设计的大型通用计算机 119 机

■ 图 3-7-6　我国第一颗氢弹成功试爆

我国在研制第一代电子管计算机的同时，已着手研制晶体管计算机。1965 年，我国第一台大型晶体管计算机 109 乙机研制成功。实际上，我国从 1958 年起就在国外禁运的条件下开始筹备制造晶体管计算机。于是，一个生产晶体管的半导体工厂首先建立起来。经过两年努力，这个代号叫作"109"的工厂就生产出了制造机器所需的全部 2 万多支晶体管，3 万多支二极管。这种"没有条件创造条件也要上"的拼搏精神至今对我国的科技工作者仍有巨大的影响。科学家们对 109 乙机加以改进，两年后又推出 109 丙机，它为用户整整运行了 15 年，有效算题时间达 10 万小时以上，在我国两弹试验中发挥了重要作用，被人们誉为"功勋机"。

图 3-7-7　被称为"功勋机"的 109 丙机

图 3-7-8　第一颗原子弹成功试验产生的蘑菇云

从研制开发的时间上看，我国电子计算机的起步比美国要晚一代。1959 年我国 104 机问世时，美国 IBM 公司已推出了该公司第一套晶体管计算机（IBM-7090）。当国际上致力于开发第二代计算机产品时（1959—1964 年），我们正在研制改善第一代电子管计算机。

图 3-7-9　比我国 104 机先进一代的美国 IBM-7090

我国的第二代晶体管计算机大部分是"文革"前夕研制的，当国外在发展第三代中小规模集成电路计算机时（1964—1972 年），我们对于以 IBM-360 为代表的大型机系列以及以 DEC 公司 PDP 系列为代表的小型机（1963 年推出的 PDP-8）没有给予多大的关注。20 世纪 60 年代中期，我国第三代计算机的研制受到政治运动的冲击，一直到 20 世纪 70 年代初期才陆续推出大、中、小型采用集成电路的计算机——第三代电子计算机。

■ 图 3-7-10　第三代计算机的标志产品 IBM-360 大型机

■ 图 3-7-11　我国 20 世纪 70 年代研制的百万次级的 655 机

1973 年，北京大学与北京有线电厂等单位合作研制成功运算速度为每秒 100 万次的大型通用计算机。1974 年，清华大学等单位联合设计并研制成功了 DJS-130 小型计算机，以后又推出 DJS-140 小型机，形成了 DJS-100 系列产品。与此同时，以华北计算技术研究所为主要基地，全国组织 57 个单位联合进行 DJS-200 系列计算机设计，同时也设计开发出 DJS-180 系列超级小型机。20 世纪 70 年代后期，电子部 32 所研制成 655 机，国防科大为远望号测量船研制了 151 机，速度都是百万次级。进入 20 世纪 80 年代后，我国高速计算机，特别是向量计算机的研制有新的大发展。

1983 年 12 月 22 日，计算所完成我国第一台大型向量机——757 机，计算速度达到每秒 1000 万次。这一纪录当年就被国防科大研制的银河 I 亿次巨型计算机打破。银河 I 巨型机是我国高速计算机研制的一个重要里程碑，它的研制成功填补了我国巨型计算机的空白，标志着中国进入了世界研制巨型计算机的行列，是中国科技人员自行设计的第一个每秒向量运算达到 1 亿次的巨型计算机系统。它也标志着我国与国外在计算机发展上的距离缩小到 7 年左右——银河 I 的参考机克雷 I 是在 1976 年推出的。

■ 图 3-7-12　我国 20 世纪 80 年代初研制的千万次级的 757 机

　　说起银河巨型机的研制，还要说一说西方对我国的长期技术封锁。即使到了改革开放以后，这种状况依然存在。例如，20 世纪 70 年代末，我国某研究所从国外进口了一台高性能计算机，外方以技术保密为由，要求为这台机器建一个六面不透光的"安全区"，而且规定中国人想要上机操作，必须在外方监控下才能进行。

　　高性能计算是衡量一个国家战略能力的重要标志。面对国家对高性能计算能力的战略需求和西方国家的封锁，当时邓小平同志说："中国要搞四个现代化，不能没有巨型机！" 1978 年，他把研制亿次巨型机的任务交给了国防科大，时任国防科大计算机研究所所长的慈云桂教授立下铮铮誓言：我就是豁出这条老命，也要把巨型机搞出来。

　　以慈云桂为代表的中国科研人员，经过 5 年顽强拼搏，闯过了一个个理论、技术和工艺难关，攻克了数以百计的技术难题，提前一年完成了研制任务，即研制成功"银河"亿次机。它的研制成功向全世界宣告：中国成为继美、日之后，第三个能够独立设计和制造巨型机的国家。当时大家把这台机

■ 图 3-7-13　银河 I 亿次巨型机
（项目由慈云桂教授主持）

■ 图 3-7-14　我国研制的第一台微型计算机
DJS-050

器叫作"争气机"，就是要争一口气，争出民族尊严，争出一个国家的国际地位和影响力。

20 世纪 70 年代中到 80 年代初是我国计算机工业初步形成的阶段。1973 年 1 月，当时的第四机械工业部召开了"电子计算机首次专业会议"（7301会议），指出 20 世纪 60 年代我国计算机研制是为特定工程任务（主要是国防）服务，并总结了其不能形成批量生产的教训，决定放弃单纯追求提高运算速度的技术政策，确定了发展系列机的方针，提出联合研制小、中、大三个系列计算机的任务，提出以中小型机为主，着力普及和应用的指导思想。这次会议在我国计算机发展史上具有重要意义。

与国外一样，我国的第四代计算机——大规模集成电路计算机的研制也是从微型计算机开始的。1974 年，电子部六所与清华大学、安徽无线电厂开始联合研制微型计算机。1977 年，他们使用 4 颗国产芯片替代 1 颗 8008 芯片，成功研制出我国第一台 DJS-050 微型机，从此开始了我国的微型机发展史。

在 1980 年年初，随着西方对我国的"技术禁运"在一定程度上的放松，国内不少单位开始采用美国的 Z80、X86 和 M6800 芯片研制微型计算机。但是，限于当时的历史条件，直至 1982 年，我国研制的微型机产品总体上技术水平不高，无法形成批量生产。

1983 年 12 月，当时的电子部六所研制成功与 IBM PC 机兼容的 DJS-0520微型机，定名为长城 100。它是我国借鉴国外先进技术开发的第一台与 IBM PC兼容的 16 位国产个人微型机。同年，研制开发了我国第一套微型机汉字系统软件 CCDOS，突破了 MS-DOS 操作系统中的汉字输入与显示及世界公认的汉字库难关，完成了我国第一套与 IBM PC-DOS 兼容的汉字磁盘操作系统，创造了在我国普及应用计算机的前提条件。几十年来，我国微型计算机产业走过了一段不平凡的道路，现在以联想微型机等为代表的国产品牌微型机已占领了一半以

上的国内市场，并已经在开拓海外市场
方面取得很大成绩。

　　1985 年，计算所与希望电脑公司合
作推出联想式汉字微型机系统 LX-PC。
同年，长城计算机公司自主开发的长城
0520CH 微型机投产。长城 0520CH 在技
术上符合国情，有着独特的技术优势，
成为我国计算机发展史上的一个闪光点。

■ 图 3-7-15　我国微型机发展史上
里程碑式产品——长城 0520CH

长城0520CH的投产揭开了中国计算机产业成长的序幕。之后，在微型计算机（如
286、386、486、"奔腾"及以后的机型）的研制方面，我国商用微型计算机
的研发通过技术合作逐渐与国际趋于同步。

　　在此前后，我国的计算机技术连续取得重大进展。在高速通用计算机方面，
1992 年国防科大研究成功银河 II 通用并行巨型机，峰值速度达每秒 4 亿次浮
点运算（相当于每秒 10 亿次基本运算操作）。银河 II 的向量中央处理机是采
用中小规模集成电路自行设计的，总体上达到 20 世纪 80 年代后期的国际先进
水平。银河 II 填补了我国面向大型科学工程计算和大规模数据处理的并行巨型
计算机的空白。科学家们基于银河 II 建立了中国第一个中期数字天气预报系统。
此外银河 II 还被成功用于核科学研究。银河 II 被评为 1992 年中国十大科技成
果，获国家科技进步一等奖。

■ 图 3-7-16　我国自行研制的银河 II 通用并行巨型机

从 20 世纪 90 年代初开始，国际上采用主流的微处理机芯片研制高性能并行计算机已成为一种发展趋势，我国高性能计算机的研制也开始向这一方向发展。

根据国家 863 计划的部署，国家智能计算机研究开发中心经过分析，采取了符合技术发展趋势、有所为有所不为的技术路线，以较少的人力与资金投入和较短的设计开发周期，于 1993 年研制成功曙光一号全对称共享存储多处理机系统，这是国内首次以基于超大规模集成电路的通用微处理器芯片（摩托罗拉 M88100）和标准 UNIX 操作系统设计开发的并行计算机，并将其推向了市场。由李国杰院士主导的曙光一号并行机的创新实践，探索了一条在改革开放条件下研制高性能计算机的新路子。曙光一号获电子部 1993 年电子十大科技成果、1994 年中国科学院科技进步奖特等奖、1995 年国家科技进步奖二等奖。

沿着这一技术路线，1995 年国家智能机中心又推出了曙光 1000。曙光 1000 是国内研制的第一套大规模并行计算机系统，它的峰值速度达到每秒 25 亿次，实际运算速度达到每秒 15.8 亿次。该系统研制成功后，我国用曙光 1000 建设了一批国家高性能计算中心。曙光 1000 获 1996 年中国科学院科技进步奖特等奖，1997 年国家科技进步奖一等奖。曙光 1000 与美国英特尔公司 1990 年推出的大规模并行机体系结构与实现技术相近，与国外的差距缩小到 5 年左右。

1997 年国防科大研制成功银河Ⅲ百亿次并行巨型计算机系统，采用可扩展分布共享存储并行处理体系结构，由 130 多个处理节点组成，峰值性能为每秒 130 亿次浮点运算，系统综合技术达到 20 世纪 90 年代中期国际先进水平。

世纪之交前后，国外开始大力发展具有高扩展性与高可用性的机群系统（Cluster），这已经成为高性能计算机的主流发展趋势。国家智能机中心与曙光公

■ 图 3-7-17　含 36 个处理机的
曙光 1000 并行机

■ 图 3-7-18　曙光 2000-II 超级服务器

司于 1997 年和 1999 年先后在市场上推出具有机群结构的曙光 1000A、曙光 2000-I 等。其中曙光 2000-II 超级服务器，它的峰值浮点运算速度为每秒 1100 亿次。2000 年推出了每秒浮点运算速度 4032 亿次的曙光 3000 超级服务器。在超级服务器的研制中，技术突破的重点集中在高速互连和易于管理、具有单一系统映像的机群操作系统和方便用户使用的编程及运行环境。曙光超级服务器的起步比国际上同类产品（如 IBM RS6000SP 系列）晚 3 年至 4 年，但已经能够做到与 IBM 公司同步推出新产品，在市场上具有较强的竞争力。

在 2004 年 6 月发布的第 23 届 TOP500 排行榜上，曙光 4000A 以每秒 8.06 万亿次的 Linpack 值排名第十，使中国成为继美国、日本之后第三个能制造 10 万亿次商品化高性能计算机的国家，曙光 4000A 被评为"2004 年中国十大科技进展"。在性价比和性能功耗比等方面处于国际领先水平。

■ 图 3-7-19　曙光 4000A 超级计算机

2008 年推出的曙光 5000A 高性能计算机是国家 863 计划高性能计算机及其核心软件重大专项支持的研究项目，是面向网格应用的高性能计算机，可以为网格计算提供服务，同时也是面向信息服务的超级服务器，可以提供多目标的系统服务。它共有 6000 颗 CPU 和高达 500 T 的海量内存，其理论浮点运算峰值为每秒 230 万亿次。曙光 5000A 的第一套超大型系统 2009 年 5 月落户"上海超级计算中心"，在此之前，它已经在北京 2008 年奥运会的天气预报中发挥了重要作用。

据报道，曙光 5000A 可以应用在许多领域。例如，它可以在 3 分钟内同时完成 4 次 36 小时的中国周边、北方大部、北京周边、北京市的 2008 年奥运

■ 图 3-7-20 曙光 5000A 商用
高性能计算机系统

会需要的气象预报计算，包括风向、风速、温度、湿度等，精度达到 1 千米，可以精确到预报每个奥运会场馆的气象变化。它也可以在 6 分钟内同时完成 20 次上海黄浦江过江隧道三维结构的地震数值分析计算，能够精细评估隧道的抗震性能，等等。

曙光 5000A 是 2009 年初国内速度最快的商用高性能计算机系统。曙光 5000A 使中国成为继美国之后第二个能制造和应用超百万亿次商用高性能计算机的国家，也表明我国生产、应用、维护高性能计算机的能力达到了世界先进水平。曙光 6000（星云系统）高效能计算机采用了基于多核 CPU 和高性能 GPU 加速器的混合架构，实现了高效异构协同计算技术，是国内首台实测性能超千万亿次的超级计算机。在 2010 年 5 月发布的第 35 届 TOP500 排行榜上，曙光"星云"以每秒 1.27 千万亿次的 Linpack 值排名第二，这是当时我国的高性能计算机系统在该排行榜上的历史最好成绩。

2010 年 11 月 14 日，国际 TOP500 组织在网站上公布了最新（第 36 届）全球超级计算机 500 强排行榜，国防科大研制的千万亿次超级计算机系统天河一号（改进型）排名全球第一。这是我国超级计算机第一次在世界排行榜登顶。

■ 图 3-7-21　第一次登顶
世界超算榜首的天河一号

■ 图 3-7-22　曾连续 6 届保持
世界第一的天河二号

此后，几届的榜首位置不断变化，显示出竞争的激烈。

第 37 届：第 1 名日本的"京"；第 2 名天河一号。

第 38 届：排名没有变化。

第 39 届：第 1 名美国的"红杉"；第 2 名：日本的"京"。

第 41 ～ 第 46 届：第 1 名中国的天河二号；第 2 名是美国的"Titan"。

第 47 ～ 第 50 届：在 2016 年 6 月的第 47 届 TOP500 榜单中，中国采用全国产微处理器的超级计算机"神威·太湖之光"登顶榜首，天河二号为第 2 名。此名次连续保持了 4 届，加上此前天河二号创造的"六连冠"记录，中国已经连续 10 届实现对该榜单的领跑。

如果说单纯一两台超级计算机占据榜首，还可以有别的说法，那么整体占比的优势则不能不说明中国的高科技创造和应用已经走到了世界前列。在 2015 年全球超级计算机 TOP500 榜单中，中国占比达到 21.8％，超过日本和欧盟，居世界第二；在 2017 年 11 月的榜单中，中国超级计算机跻身全球 500 强的席位数，由 6 个月前的 160 套升至 202 套，美国由 169 套降至 143 套。这也是继 2016 年 6 月中国超级计算机份额首次以微弱优势（167 套：165 套）超越美国后，再次超越美国（202 套：143 套），不过此次中国超级计算机的套数已经大幅度超越了美国。

■ 图3-7-23 采用全国产微处理器的"神威·太湖之光"

针对中国在超级计算领域的强势崛起，麻省理工学院《技术评论》撰文称：除了连续霸占冠亚军之外，中国在计算资源总量上也排名第一，占到榜单上超级计算机计算能力总和的 35.4％，高于美国的 29.6％。这份新榜单揭示了超级计算机领域的重磅选手美国的衰落。这也是 25 年以来美国取得的最差成绩。

对于以上这些，一般人看到的往往只是一串串光鲜的数字，实际它后面是无数知名的和不知名的中国科技工作者和计算机研究团队为实现中华民族复兴梦想，付出的几十年的艰辛努力和不懈追求。

虽然在 2018 年 6 月和此后的一年，美国凭借超级计算机"顶点"（Summit）重返榜首，但在 2018 年和 2019 年的国际超级计算机大会上，全球超级计算机评估组织 TOP500 公布的排行（该排行每半年更新一次）榜上，在全球浮点运算能力最强的 500 台超级计算机中，中国部署的超级计算机数量不仅继续位列世界第一，而且超级计算机的生产能力也占据了主导地位，联想、浪潮和曙光是全球最大的 3 家超级计算机供应商，美国的惠普、克雷、Bull 位列其后。

但是，美国在超级计算领域的重要优势不可低估，历届全球 500 强的超级计算机系统中绝大多数使用的是美国英特尔公司的芯片。

目前，新一代超级计算机的前哨站已经在 E 级（万万亿次）上展开，在 2019 年至 2021 年，中美都将推出这个级别的超级计算机，世界超级计算机的研制水平和应用水平都将进入一个新的阶段。

（八）21 世纪的"中国芯"

自 1971 年英特尔公司推出第一款微处理器芯片 4004，尤其是 1974 年推出 8 位微处理机芯片 8080 后，摩尔定律就开始对计算机的发展起决定性影响，国际上已进入第四代计算机的时代（即微型机大普及的时代）。国外早期从事计算机研制的科研人员一部分转入微处理机设计，处理机体系结构和实现技术的研究，而这些研究大部分集成在微处理器芯片内。我国在这一时期没有注意到这一重要的技术变化，造成微电子及集成电路技术人员与计算机逻辑及电路设计科研人员的分离，集成电路企业严重缺乏计算机体系和逻辑设计人员。虽然我国从 20 世纪 60 年代开始就研制过一些微处理机，1977 年也研制成功自行设计的 16 位大规模集成电路微处理机，但都是用来做航空航天专用机。我国有不少从事专用计算机与芯片研制的研究所，但在很长时间内没有任何一个单位以研制通用微处理器为目标。

　　由于上述原因，改革开放以来，虽然我们曾经研制出已经达到国际先进水平的银河、曙光等系列超级计算机，但长期以来，我们中国人有一块"芯病"，就是缺少自己的核心技术，微电子产业与国际先进水平差距较大，重要的芯片，尤其是

■ 图 3-8-1　我国研制的第一台航天专用计算机 156 机

像高性能、通用的CPU几乎全部依靠从国外进口。因此，我国生产的个人计算机，尽管 21 世纪初的年销售量早已达到千万台以上，2018 年全年整机产量甚至已经达到了 3.5 亿台，但主要利润还是要拱手交给掌握着核心技术的外国公司。

　　面对国内计算机制造业的这种局面，就连我国的著名计算机企业的老总也经常半开玩笑半无奈地说，我们是在集体为英特尔、微软这样的外国大企业"打工"——主要原因就是由于上述"无芯"的尴尬。

　　据统计，仅进口芯片一项，我国每年就需要花费超过进口石油价格两倍多的外汇储备，2018 年这笔支出已经达到 3100 亿美元，相当于 20 多万亿元人民币。我国信息产业长期的"缺芯少屏"，缺少自主知识产权的核心技术，涉及的不仅仅是整个计算机产业的利润微薄的问题，还影响到我国经济长期可持续发展的后劲，事关国家政治安全、经济安全和国家的尊严。

　　近两年由美国挑起的中美贸易摩擦中，美方频频打出的芯片牌、技术牌、禁运牌等卡脖子手段就是最新的例证。实际上，2015 年出现的至强（XEON）芯片禁运事件就已经打响了中美技术战略竞争的一场前哨战。

　　2015 年 4 月 9 日，美国商务部发布了一份公告，决定禁止向中国 4 家国家超级计算中心出售至强芯片。而据美国媒体报道，美国商务部的理由是，使用了两款英特尔微处理器芯片的天河二号系统和早先的天河一号 A 系统，"据信被用于核爆炸模拟"。真是欲加之罪，何患无辞！

　　被禁运的 4 家机构分别是中国国家超级计算长沙中心、广州中心、天津中心和国防科大，它们被美国列入"坚持违背美国国家安全或者外交利益的实体名单"。这与近年来美国"制裁"中兴、华为同属一个套路。

美国为什么会突然对中国超级计算机使用的芯片实行禁运？

一般认为，是当时中国超级计算机在世界的冠军地位引起美国担忧。有专家说："美国已经感觉到了某种威胁，害怕我国一直占据超级计算机性能的世界冠军位置。"这确实是美国人的一个尴尬之处——多少年来的领先地位居然被中国连续占据了几届，当然很不舒服。当时天河二号在 TOP500 的四连冠和它后来的升级是诱发此次禁运事件的导火索之一。中国超级计算机的发展跻身世界前三强，威胁到美国超级计算机的地位。经过近 10 年的快速发展，中国超级计算机在整体水平上已经具备与美日强国竞争的潜力。这些对中国人而言，自然是爱国情绪高涨、自信心爆棚。那么，芯片禁运对我国超级计算机升级运行意味着什么？直接的一个后果就是，天河二号的升级计划搁浅了。就是说，这台世界第一快的计算机短期内只能原地踏步——这是禁运芯片的直接结果。然而，美国不遵守商业规则的禁运令，从整体的远景来看，肯定是适得其反，它会激发中国科技人员自立自强的斗志。

美国政府一方面想利用禁运芯片给中国超级计算机升级设置障碍，另一方面也在加紧重新整合自己超级计算的布局和计划。

2018 年，由美国能源部资助的两台超级计算机先后进入 TOP500 前两名，算是重新取得领先地位。

但一场新的较量，或者说一场真正的技术跨越——百亿亿次级别的超算竞争，已经在几年前就开始酝酿。

相信在 2020 年前后，几个超算大国的百亿亿次级别的机器就会问世。言归正传，芯片不止 CPU 一类。芯片的种类有很多。我们现在身边的许多东西，它们里面都有不少芯片。如收音机、录像机、电视机、洗衣机，甚至汽车、飞机，都有不少芯片在里面起着关键的控制作用。这些机器能够有秩序地、精准地工作，很大程度上是芯片和相关程序在指挥协调。

现在，人们通常把大规模集成电路芯片，也就是"微处理器"，按应用范围的不同分为三类：一是我们计算机中的通用高性能 CPU，主要用于工作站和高性能个人计算机系统，它是计算机的核心部件，是功能最强的，也是设计、制作最难的；二是嵌入式 CPU，主要用于运行面向特定领域的专用程序，配备轻量级操作系统，比如手机、VCD、机顶盒中的系统；三是微控制器，主要用于汽车空调、自动机械等方面的自动控制设备。随着移动计算的兴起和发展，手机内存芯片也成为一种至关重要的类别。

通用高性能CPU是当代微电子技术和计算机科技的结晶，是信息产业和当代知识经济的"心脏"。由于计算机应用的大规模普及，研制芯片的核心技术与民族繁荣、国家安全的关联越来越密切。不掌握它，我们国家的科技进步和经济的进一步发展就会永远受制于人。

中国不是小国寡民，如果自己不掌握CPU设计、制造这样关键的核心技术，就无法实现民族复兴的伟大目标。近年来的多次"技术禁运"，如在中兴、华为公司发生的事件都说明了这一点。多少年来，中国人就盼望着我们国产的普通计算机中能有自己设计、制造的一颗具有自主知识产权的"中国芯"。

新世纪的头一年，是使中国人欢欣鼓舞的一年，"中国芯"的研制开发捷报频传。

2001年1月，继上一年年底我国研制出第一颗具有自主知识产权的16位嵌入式微处理器后，由北京大学计算机系副主任程旭教授领导的课题组研制出支持32位和16位两套指令系统的嵌入式微处理器，标志着我国嵌入式微处理器研制达到了20世纪90年代末的国际水平。

时任计算所所长的李国杰院士统揽全局，为计算所的CPU开发组定下目标：高性能、通用、一次到位。

■ 图 3-8-2 曙光高性能计算机研发的领军人物李国杰院士

当年 10 月 10 日，由计算所研究员唐志敏、胡伟武博士率领科研人员经过近一年的艰苦努力，研制出与 MIPS 芯片完全兼容的高性能通用 CPU 芯片——"龙芯"（Godson），并通过了专家鉴定。它是我国具有完全自主知识产权的高性能通用芯片。龙芯项目负责人胡伟武博士说："一盆花用水浇灌固然能够盛开，但用心血浇灌会更鲜艳。我们的 CPU 事业就是一朵花，我们在用心血浇灌她。"

图 3-8-3　夏培肃院士（中）与龙芯研发小组的小伙子在一起，其中右二为胡伟武研究员、右三为唐志敏研究员

当时，我们年轻的科学家一再声明，那时的"龙芯"只是完成了一个 CPU 逻辑设计的验证，离正式投片生产还有大量的工作要做。而且，它的性能当时只相当于英特尔公司的 486 芯片。

"2002 年 8 月 10 日清晨 6 时 08 分，这是一个历史性的时刻，它结束了一个旧时代，而一个新的时代已经开始。这一天，我们结束了只有用洋人的 CPU 制造计算机的历史。我们悲喜交集地宣布，Godson-1A CPU 已经可以成功地运行 Linux（Kernel2.4.17）。"

这天早晨，34 岁的胡伟武用颤抖的手，在以"龙芯"1 号作为"心脏"的计算机上敲出了上面的文字。

而且，经过设计人员们的努力工作，2002 年下半年芯片正式投片生产时就已经超越了"普通奔腾"（586）的阶段，直接达到了"奔腾Ⅱ"（P6）的水平。"龙芯"1 号处理器采用动态流水线结构，定点和浮点的实际运算能力都达到每秒 2 亿次以上，实际性能达到 20 世纪 90 年代中后期的国际先进水平，也就是说，那时我们的 CPU 设计与国际水平的差距已经不到十年！而且，它的功耗只有 0.5 W，与"奔腾Ⅱ"相比，节能效果明显。

当年 9 月 26 日，曙光公司就发布了第一款具有完全自主知识产权的服务器。在这台服务器上，奔腾着的就是我国自己的"龙芯"。这充分体现了我国科研同步研发的高效率。

图 3-8-4 有关领导按下"龙芯"2 号启动按钮

呼唤了多年的"中国芯"，至此终于正式浮出水面。完成这一成果的，是计算所的一群年轻人。年轻的中国科研人员用不到两年的时间，走完了国外几十年的路程。其中的领军人物胡伟武，当时只有 34 岁。

在"龙芯"课题组实验室的墙上有两句口号，一句是"人生能有几回搏"，另一句是"求实、求实、求实、创新"。

为了"龙芯"的横空出世，课题组的年轻人每个都有过几天几夜不回家的经历。胡伟武有好几次在早上六七点钟打开实验室的门，发现有些人手里握着鼠标，就靠在椅子上睡着了。看到这样的场景，他忍不住想落泪，但还是得叫醒他们，因为要询问昨天晚上的进展。

"龙芯"课题组成员奋斗的理由高度一致：我们在 CPU 技术上比国外落后那么多，如果大家还是一周 5 天、一天 8 小时按部就班地上班，恐怕很难赶上人家，唯有像当年搞"两弹一星"一样拼命才行。胡伟武说，做一个芯片，真得少活 10 年！

"龙芯"课题组很多成员都是年轻小伙子,为了"龙芯",他们有的推迟了婚礼,有的放弃了出国,加班加点更是家常便饭。即使是春节,课题组成员也只有3天假期。伴随他们日夜战斗的,是实验室门上的对联:辞旧岁"狗剩"横空出世,迎新春"龙芯"马到成功。这就是他们的最大心愿!

　　"狗剩"是他们给"龙芯"起的"小名",即使在正式的学术报告中,他们也总是习惯把"龙芯"1号写作"狗剩-1",在英文报告中则写作"Godson-1"。他们是按照中国老百姓的习俗,取个"贱"一点儿的名字,好养活。

　　此后的个中甘苦不必细说,请看以下的"'龙芯'成长简史":

　　2002年9月22日"龙芯"1号通过中国科学院组织的鉴定。9月28日举行"龙芯"1号发布会。"龙芯"1号CPU芯片用0.18微米CMOS工艺实现,定点字长32位,浮点字长64位,流水线结构先进、效率高,主频可达266 MHz,实测定点与双精度浮点运算速度均超过每秒2亿次。据专家称,"龙芯"1号性能相当于1997年的国际先进水平。"龙芯"1号具有防缓冲区被攻击的硬件设计,可以抵御一大类黑客和病毒攻击,适合做安全的网络服务器。"龙芯"1号功耗低,实际功耗小于0.5 W,支持Linux、VxWorks等

■ 图3-8-5　"龙芯"1号CPU

主流操作系统,能直接支持软解压的流媒体应用,可用于网络终端机、工业控制计算机等嵌入式设备。

　　2003年10月17日,"龙芯"2号首片MZD110流片成功。

　　2004年1月,龙芯技术服务中心前身龙芯实验室成立。

　　2004年9月28日,经过多次改进后的"龙芯"2C芯片DXP100流片成功。

　　2004年11月,时任国务院总理温家宝视察计算所听取"龙芯"研发情况汇报。

　　2005年1月31日,举行了由中国科学院组织的"龙芯"2号鉴定会,2005年4月18日在人民大会堂召开了由科技部、中国科学院和信息产业部联合举办的"龙芯"2号发布会。它是"龙芯"2号系列中的"龙芯"2C,它的

性能比"龙芯"1号提高了10倍，相当于中档"奔腾Ⅲ"处理器的水平。

"龙芯"项目负责人胡伟武对记者说，如果说"龙芯"1号是中国芯片从0到1的跨越，那么"龙芯"2号就相当于从1到10的突破。

李国杰说："CPU涉及国家安全问题，中国要摆脱受制于人的局面，必须开发自己的CPU。'龙芯'2号从逻辑设计到物理设计完全是中国自主研发的。"

■ 图 3-8-6 "龙芯"2号首片 MZD110

在安全设计上，"龙芯"2号还可以抵御缓冲区内病毒和黑客的进攻，中等以下水平的黑客都"打"不进来。

李国杰说，"龙芯"1号与国际先进水平的差距是6年，到"龙芯"2号时已经缩短到4年。虽然跟英特尔公司的芯片没有办法全面比较，但是在功能上已足够用了。

2005年2月，国家主席胡锦涛等党和国家领导人在参观中国科学院建院55周年展览时参观了"龙芯"处理器。

2005年5月，"龙芯"课题组派出骨干成员赴江苏参与组建"龙芯"产业化基地（龙梦科技前身）。

2006年3月18日，"龙芯"2号增强型处理器CZ70流片成功，9月13日通过科技部组织的鉴定。

2006年10月，中法两国在北京签署了关于中国科学院与意法半导体公司（ST）合作研发龙芯多核处理器的框架协议，国家主席胡锦涛与法国总统希拉克共同出席了协议的签字仪式。

2007年，"龙芯"2F发布。随后，以"龙芯"2F为核心设计制造的国产万亿次高性能计算机和便携式笔记本电脑相继问世。

■ 图 3-8-7　使用"龙芯"2F 架构的国产万亿次高性能计算机

2007 年 3 月 28 日，计算所与意法半导体公司在北京人民大会堂召开"龙芯"处理器技术合作及产品发布会。

2008 年 2 月，北京龙芯中科技术服务中心有限公司（前身为龙芯技术服务中心）正式成立。

当时，英特尔公司的微处理器产品，如酷睿 2 双核、酷睿双核等也开始向节能方向靠拢，其功耗一般在 65 W 左右，比"奔腾 D"处理器的 100 W 左右降低了约 30%；而单核"奔腾 4"处理器的功耗从 86 W 降至 65 W。在这方面，"龙芯"显然做得更好些。

2008 年年底，我国首个自主研发的"龙芯"3 号处理器的 4 核版本流片成功，集成晶体管数达到 4.25 亿个，使用 65 纳米工艺制造，主频均为 1 GHz。

■ 图 3-8-8　最新的"龙芯"3 号处理器

2010 年，原属于计算所的"龙芯"团队转型成立公司，即龙芯中科技术有限公司，走向市场化的道路。"龙芯"3B 芯片就是在有关部门大力展开自主基础软硬件应用试点的背景下展开研制的。

此后，"龙芯" 3A1000 进行了第一次改版，于 2010 年 10 月底第一次改版流片成功，然后开始了小批量生产。经过多项技术和制作工艺等方面的艰辛摸索和改进，"龙芯" 3A1000 的第二次改版于 2012 年 2 月下旬流片，2012 年 8 月中旬流片成功。性能稳定的"龙芯" 3A1000 至今还是一款在工业控制等领域稳定销售的重要芯片。

2013 年以后的一段时间，他们又经历了体制转型，缺乏经费和市场化经营经验、产品研发走了一段弯路而遭遇挫折等的多重考验，"龙芯人"凭着对"为人民服务"初心的坚持和百折不挠的韧劲，渡过了最艰难的时刻，迎来了缕缕胜利的曙光。

现在，"龙芯"不仅应用于包括"北斗"卫星在内的十几种国家重器中，还广泛应用于工业控制和职能机构办公等信息系统中，甚至国产的电视机、冰箱、红绿灯、家庭门禁的系统中，都可能看到"龙芯"。"龙芯"还走到了国外，实现了从基本可用到可用的跨越。而且"龙芯"的性能已经超过了国外主流 CPU 的低端系列产品，正在向中高端迈进。更为可喜的是，从 2015 年起，"龙芯"就已经实现了盈利，2017 年实现通过自由利润维持研发运转的良性循环，其整体收入包含了国家安全市场及纯商业市场。

"不积跬步，无以至千里；不积小流，无以成江海。""龙芯" CPU 首席科学家胡伟武说，"我们既要'撸起袖子加油干'，也要'耐着性子坚持干'"。

占领制高点的初心与实践

一块"龙芯"承载着三代计算机人的心愿。从 20 世纪 50 年代开始，就一生耕耘于我国计算机事业，有"中国计算机之母"之誉的夏培肃院士对她的学生说："我这辈子最大的心愿就是发展中国的计算机事业，我们这代人没做好，你们要做得比我们好。" 80 多岁的黄令仪研究员小时候曾经亲眼看到自己的同胞被侵略者的飞机炸死，所以她说："我这辈子最大的心愿就是，匍匐在地，擦干祖国身上的耻辱。"李国杰院士曾这样说："我的导师夏老师（夏培肃院士）已经 90 岁了，干不动了；我也 70 岁了，快干不动了！"他把发展我国的 CPU 和操作系统的重任寄托在胡伟武这一代人的身上……因此，计算所

大科学家讲科学

在研制"龙芯"之初，目标就很明确：跳跃式发展，不跟在别人后面亦步亦趋。

要做出自己的特色，如多核、低功耗设计等，这些都是"龙芯"课题组在创业之初提出的，这些理念后来已经成为芯片研发的主流趋势。当然，人们后来也认识到，应用于计算机的 CPU 的核也不是越多越好，而且多核处理器的性能是以单核的功能强大做支撑的；要做多核，必须先把单核做好，这方面的技术积累包括经验必不可少。

经过 8 年努力，到 2009 年，市场上"龙芯"的性能已经达到中低档"奔腾 4"的水平，在很多接入点上有自己的特点，比如功耗很低，在达到"奔腾 4"性能时，实测功耗只有几瓦。它在性价比、性能功耗比方面，做得是相当出色的。

从立项开始，"龙芯"的研发单位计算所就立志要做世界一流水平的CPU。而现在从单核、双核到四核、八核，从 180 纳米工艺到 28 纳米工艺，从双发射到四发射，"龙芯"处理器的架构、规格、频率、性能都在不断进步。2017 年 10 月，中国科学院研究员、"龙芯"CPU 首席科学家胡伟武表示，"龙芯"的性能已经超过了国外主流 CPU 的低端系列产品，正在向中高端迈进。他认为，"龙芯"已经过了积累期，到了快速发展的时候，相信自己干到第 30 年的时候，能够建起一个包括 CPU、操作系统在内的技术平台，支撑国家的信息产业以及工业信息化的发展。

但是，"龙芯"课题组的以上思路与主张，在起步时却是"阳春白雪，和者盖寡"，许多人想当然地以为我们的青年科技工作者是在吹牛。他们的理由竟是：你"龙芯"才有几个人，人家国外研发经费有多少多少，人家研发团队有多好多好，你"龙芯"怎么能干得过呢？伴随着"龙芯"的诞生与成长，一些并无恶意的怀疑与恶意的谣传就一直没有停止过。特别是令人遗憾的"汉芯"等高科技造假事件暴露后，社会上对"龙芯"的无端怀疑也纷至沓来。例如，有人说：CPU 的技术含量这么高，你们计算所有这个实力做吗？英特尔公司做了多少年才做出来的东西，凭你们那几个没胡子的人，两年就做出来了？人家都有"奔腾 4"了，你才是个 486，能和人家竞争吗？有市场吗？等等。

其中的一些怀疑来自于对一些术语的不理解，另一些质疑在于不理解中国研制自主知识产权通用高性能 CPU 的战略意义。至于各种恶意的谣传，无非是想"不战而屈人之兵",通过影响中国科研主管部门的决策,通过让中国的科技工作者知难而退,以保持他们对这块高技术领地的垄断地位。其中最典型的说法就是,技术发展到今天,想做CPU,就不可能绕过已有专利技术等壁垒。

"龙芯"课题组面对各种质疑与怀疑,不动摇,也不炒作,扎扎实实地做研究开发,稳健而坚定地走自己的路。他们坚信,中国人在信息技术上绝对有能力赶超世界先进水平;中国人民不可能在西方国家持久获得暴利的情况下完成中国的信息化;"龙芯"的根本出路就是信息化为中国人民服务,真正让更多的中国人享受到信息化带来的好处。

2015年3月31日,我国发射首颗新一代"北斗"导航卫星(总第16颗),上面搭载的就是"龙芯"抗辐照芯片,该芯片打破了国外的禁运封锁,保证了"北斗"卫星软件和数据链的安全,而且价格仅为进口同类产品的1/10。

由于中美贸易摩擦的加剧,某些西方国家企图遏制中国的发展,采取了许多不可思议的手段,反而让我国芯片产业迎来了两个前所未有的发展期。现在已经有几个知名公司和院所在进行国产CPU芯片的研究和制造,真心希望他们能够早日全面突破信息产业的核心技术,打通技术链,建设好自己的生态系统。这也是把中国梦落实到信息产业研发上的必然要求。

中国精神——"重道""亲师"

2002年"龙芯"1号流片成功,正值胡伟武读博士时的导师夏培肃院士从事计算机研究50周年,于是,第一片"龙芯"1A被命名为"XIA50",体现了胡伟武尊师重教不忘本的赤子情怀。

2003年,他们把当年的第一片"龙芯"2B芯片命名为"MZD110";2013年,他们把当年的新成果命名为"MZD120",以此体现他们对毛泽东主席创建新中国和全心全意为人民服务的精神的无限钦佩与敬仰。

2006年是红军长征胜利70周年,他们把当年的第一片"龙芯"2E命名为"CZ70",即"长征70";2016年是红军长征胜利80周年,他们把当年研制成功的龙芯3A3000处理器命名为"CZ80",且每颗芯片的硅片上都刻有"CZ80"的字样,这样做就是希望用长征精神激励自己的团队,争分夺秒,勇攀科技高峰。

胡伟武说，80多年前，当衣不蔽体的几万红军完成两万五千里长征时，他们是中国最生气勃勃，具有百折不挠的献身精神的人，是真正的民族精英。他们怀着对革命的坚定信念，在崇高理想的指导下走完长征。同样，自2001年开始龙芯处理器研发以来，"龙芯人"也是怀着坚持自主创新、保障国家安全、支撑产业发展的坚定信念走了一条别人没有走过、多数人不信能走通、非常艰难的"长征"路。15年来，很多"龙芯"的技术骨干都把人生最美好的青春献给了"龙芯"的"长征"。客观地说，从短期来看，以"龙芯""申威"等为代表的"中国芯"对整个计算机市场还不会产生太大的影响，也不会从根本上改变计算机市场的现状。但从中长期的观点来看，国产高性能通用CPU的完善、提高与发展将打破国外厂商长期以来在核心技术上的垄断。而外国公司因垄断产生的高额利润将会随着国产高性能通用CPU的不断进步逐步降低。计算机产品的价格也将随之大幅度下降，这无论对于国内的计算机厂商，还是对最终用户都是一件好事，对于中国计算机产业乃至中国教育的发展都会起到积极作用。

特别是在当今复杂的国际局势下，大力发展自主可控芯片和基于自主可控基础软硬件的信息技术产业已经形成共识。核心技术是国之重器，在别人的地基上建房子，是经不起风雨的。只有坚持自主研发，建立自己的技术标准，形成自主的产业体系才是中国IT产业摆脱受制于人命运的根本出路。

要达到习近平总书记提出的"构建安全可控的信息技术体系"的目标，我国的信息科技在创新的路上仍然是任重而道远。"自主决定命运，创新成就未来"，让我们用"龙芯人"的这句话共勉！

（九）锦上添花的计算机外部设备

不断改进的输入设备

计算机输入设备随着技术进步不断有所发明和改进。进入21世纪后，穿孔纸带输入已经基本被淘汰，当时是键盘和鼠标"双霸"天下的局面。但微软公司曾经声称，他们要用"十年的时间"让当时这两种主流输入工具被"完全取代"。这听起来似乎有些像在讲神话，但也不是不可能的——因为现在各式各样的输入方法正在发展与成熟。如果有一天真的能够动动嘴、摸摸屏幕就能操作计算机，我们也不一定非要把着键盘、鼠标而舍不得放手吧？但是，"十年之内"、"完全取代"这样的措辞，当时我们觉得说得似乎太绝对了一些。现在，十年时间已经过去，我们"等着瞧"的结果是，尽管语音输入有了长足的进步，触摸屏也广泛用于平板电脑和移动终端，但在台式机和多数笔记本电脑上，键盘和鼠标还是基本的配置。所以，我们对计算机的外部设备的介绍，就还要从键盘和输入法说起。

各式各样的键盘

在前面，我们已经讲过，作为重要输入设备的键盘，它发明于机械式计算机时代，但随着电子计算机的发展，它也经历了一个不断发展、革新、变化的过程。

现在的键盘是多种多样的。最初的 PC/XT 是 83 键的键盘，PC/AT 及 386 计算机一般配置的是 101 键的键盘。Windows 95 的推出，又使键盘多了三四个键。20 世纪 90 年代末，有的公司开始推出"人体功能键盘"，据说使用这种键盘可以有效降低计算机操作人员的疲劳程度。而硅胶无线键盘不用时可以卷起来装在小挎包里，且可以应用于不同类型的主机。

■ 图 3-9-1　初期 PC 配置的 83 键键盘

■ 图 3-9-2　现在 PC 配置的通用键盘

图 3-9-3　融入人体功能学的键盘

图 3-9-4　硅胶无线键盘

汉字输入法的历史性突破

汉字复杂难记，不仅曾经使外国人望而生畏，在"五四"新文化运动时期乃至以后相当长的时间内，也曾经被中国的许多知识分子视为"改革对象"。简化汉字，乃至进行拼音化改革的探讨不断。在很长的一段时间内，人们认为，拼音化的文字，例如英文、法文等似乎更加适合机器化操作，因为英文的所有词汇都是由 26 个字母组成的，而且英文打字机只用到几十个键。而我们的汉字笔画多变，结构复杂，中文打字机不得不带着一个庞大而沉重的字盘——这还仅仅是常用字！因此，当计算机在世界上崭露头角之时，由于当时技术的局限，使得计算机汉字输入与应用成为一个世界性的难题。

中国信息化面临着如何使汉字方便地进入计算机的挑战。当时，日本等使用汉字的发达国家也推出了"汉字微机"，但汉字只能通过手工定义和填写 BASIC 语言的字符串来实现，缺乏方便的汉字输入工具，也没有支持汉字的数据库和高级语言，使用起来极不方便。为了解决这个难题，计算所在 1980 年与广东省科委合作，开始了 GF20/11A 汉字微机系统的研制。以韩承德领衔的一批科技工作者最终研制出这套系统。

GF20/11A 是由主机、汉字显示卡、英文键盘、汉字大键盘、针式打印机、X-Y

绘图机、软磁盘机和调制解调器等构成的汉字微机系统。可以作为独立的汉字处理系统使用，也可以作为通用微机使用，还可以与 PDP11 等小型计算机联机，使小型机可处理汉字。此外，通过电话或电报通信网，可以实现远程汉字信息传输。1982 年 GF20/11A 在中国科学院科研成果展览会上展出，引起了同行和应用部门的广泛关注。它是国内首台支持汉字操作系统的汉字微机，为汉字进入计算机做了开创性的工作，几年后诞生了 CCDOS 等汉字操作系统。

1976 年，我国台湾的朱邦复为计算机终端研发了一种"形意检字法"，它在初期是一种只有繁体中文版本的中文输入法，后被蒋纬国命名为"仓颉输入法"。现在，我国港台地区主流中文操作系统和大部分电子词典都把这种输入法作为一个选项。一些在线汉字字典也有采用仓颉编码作为检索工具的。

朱邦复在 20 世纪 80 年代初曾经基于仓颉输入法在个人计算机上设计过中文系统、研发过"汉卡"。后来由于智能拼音输入法的发展以及后继发明"万码奔腾"的影响，仓颉输入法未能成为主流。

中国大陆在简体汉字输入方面的突破发生在 1983 年。那一年，国家计算机工业总局在京召开全国计算机协调工作会议，把生产 IBM PC 兼容机定为中国计算机发展的方向。生产硬件的厂商没有硬件的困难，关键在软件，因为国产 PC 上一定要有汉字系统，但那个时候受技术条件所限，做汉字系统是一件非常困难的事。当时的电子工业部第六研究所一个叫作严援朝的工程师接下任务后，现学 Intel 汇编语言，先后解决了汉字字符显示与拼音输入的关键问题。严援朝主创的 CCDOS 1.0 就此问世。随后，联想公司总工程师倪光南开发出第一块简体字汉卡。这一年标志着中国在汉字处理方面超过了日本，而把 CCDOS 做成硬件部件则使长城 0520CH 微型机名扬海内外……

由于这套汉字系统是为中国第一台 PC——长城机做的，取汉语拼音"Chang Cheng"的首字母，就成了 CCDOS。因此，CCDOS 中的"CC"，其初始含意并不是"中国字符"的缩写。

此后，许多人和不少公司在 CCDOS 的基础上做了一些改进，形成了众多有影响的汉字输入法。

■ 图 3-9-5　CCDOS 的开发者严援朝（左图）和联想汉卡
　　　　　　发明人倪光南（右图）

　　来自河南的王永民则在随后发明了最具影响力的形码输入法——五笔字型（也称"王码"）。五笔字型自 20 世纪 80 年代中期问世，经历过"万码奔腾"的 20 世纪 90 年代，到现在依然生机盎然，也算得是一个不大不小的奇迹了。

　　汉字图文处理系统关键性的突破是在 1989 年，以求伯君推出了 WPS 1.0 为标志，它是一个里程碑式的事件，使我们从此有了国产的第一流办公软件。我们现在依然认为，当时 WPS 的功能与易用性要远远超过当时国际上流行的 WordStar 及 DOS 版的 Word。WPS 确实是当时最好的汉字图文处理软件。

■ 图 3-9-6　五笔字型的研发者王永民（左图）和 WPS 的创始人求伯君（右图）

　　后来，由于操作系统的转型等原因，国产办公软件一度落后。但是，经过后来的不懈努力，我国的跨操作系统平台的 WPS Office 和永中跨平台的

Office 在性能上和易用性方面已经能够完全满足人们办公和学习的需求。可它们没有能够在社会上大规模普及，究其原因，应该是一种生态环境的习惯问题，其中既有历史原因，也有不少人为因素。

在现在的环境下，我们是不是应该再深入思考一下其中的因果，为我国信息技术应用的研发和生态建设提供有价值的参考？

图 3-9-7　Windows 版（左图）和 Linux 版（右图）WPS 办公软件

图 3-9-8　Windows 版（左图）和 Linux 版（右图）永中办公软件

鼠标和笔输入

20 世纪 60 年代中，一个偶然的机会，一个叫作道格拉斯·恩格尔巴特（Douglas Engelbart）的美国科学家发明了鼠标器。当时，作为发明家的恩格尔巴特设计鼠标只是为了方便在屏幕上指点文件，他当时绝对没有想到今天的小朋友可以用它在电脑上画画儿、玩游戏。1968 年 12 月 9 日，这个装置第一次进入大众的视野——在美国加州旧金山的一个科技博览会上，它与许多着眼于未来的技术发明一起亮相。于是，这一天便成为鼠标的"生日"。

■ 图 3-9-9　最初的鼠标及其发明者恩格尔巴特

　　首次面世的鼠标外面有一层木质雕刻板，拖着一条连接线或者说是"尾巴"，下面装有轮子，能够滚动。因为这条长长的连接线，有人认为它的外形很像是一只老鼠，于是，这个新产品就得到"鼠标"（mouse）这个"俗名"。而且这个名字一叫就是几十年，人们没有记住命名者的名字，也很少有人记得这个装置的"学名"——"计算机显示系统纵横坐标定位指示器"了。

　　时至今日，鼠标仍是人们进行计算机操作时使用频度较高的输入设备之一，其重要性仅次于键盘。它第一次随机销售是在苹果公司的丽萨计算机上，那时，这个小东西价格不菲。今天，鼠标早已经在有计算机的场所随处可见了。

　　当然，在随后的几十年中，鼠标的外观也经历了多次发展变化，笔记本电脑的触摸板、游戏机的操纵杆、手机的手写板等都是它的后代或者旁支。正是因为鼠标的出现，人们无须使用键盘输入定义严格的命令行，就能很容易地进行计算机操作，从而为计算机普及到千家万户立下了汗马功劳。

　　但是，鼠标并不适合做图形输入的事情。使用鼠标大约有这样 4 个步骤：①摸索移动鼠标。②晃动鼠标以找到它的光标在屏幕上的位置。③把光标移动到希望进行工作的位置。④单击或双击鼠标按钮进行操作。

■ 图 3-9-10　鼠标的不同插口　　　■ 图 3-9-11　滚轮鼠标与无线鼠标

■ 图 3-9-12 秉承一键风格的苹果鼠标

最初的一些笔记本电脑把这些操作步骤简化为 3 个，并且采用了一个滚动球式的"静止鼠标"。后来，它又演化成了"触摸板"，可以用手指触摸移动光标来定位，因此可以把使用计算机录入文字时所受的干扰减少到最低限度。

罗技公司首先在鼠标设计中为它增加了一个滚动轮，这个轮可以用来翻阅文件，也可以用来做三键鼠标的中间键。这种设计被其他厂商跟风效仿，现在已经成为鼠标的主流形态。

随着计算机多媒体技术的发展，为了操作方便，人们开始琢磨去掉鼠标那根长长的"尾巴"——无线鼠标应运而生。

由于鼠标和跟踪球对画图一筹莫展，人们就又发明了"数据板"。数据板加上一种"压感笔"对画图而言，是个好得多的解决办法，它有一个像圆珠笔一样的笔尖，可以在平滑的表面上操作。还可以像用铅笔、自来水笔一样：用力轻些，输入计算机的笔画就细一些；用力重些，笔画就粗一些。这种装置适用于常见的图像处理软件，如 Photoshop、CorelDraw 等。

■ 图 3-9-13　笔记本电脑的触摸板

比起使用鼠标或键盘在计算机上作画，在数据板上画图显得格外舒服，而且只要设计者多动点脑子,压感笔笔尖也能产生出像艺术家笔触一样的质感。

到目前为止，还有不少低端数据板给人的感觉就好像是用圆珠笔在垫板画画，而且必须把它放在桌面，靠近计算机进行操作。如果数据板可以进一步改进性能，且高端数据板价格可以进一步降低，能够像家用电脑一样走进普通家庭，或者把它直接做在计算机屏幕上，成为触摸屏的一部分，那就更加方便了。

由于价格的原因，即使是在工程设计单位，配置绘图数据板（又叫作"数字化仪"）的计算机也不多。但用这种方法画工程图，特别是绘制复杂图纸时，它的优越性是显而易见的。

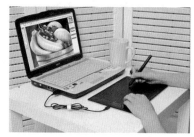

■ 图 3-9-14　数据板和压感笔绘图板

现在有一种无线笔输入的技术已经形成产品，它兼具手写输入和描摹图画的本事，可以用来进行电脑美术创作。如果你要学习用计算机搞美术设计、精确地描摹一些东西，有这样一个工具就太棒了！

这是一个较大的技术进步，但是高端产品价格的居高不下阻碍了它的普及应用。

这里顺便提一下，最初人们发明的"光笔"是直接用来在屏幕上作画的。其方法是：跟踪由 5 个光点构成的十字形光标。要停止绘图时，抖一下手腕，就退出跟踪状态，这是个精巧但不精确的方式。在今天，原来意义上的光笔事实上已经被淘汰了。因为把手举在屏幕前长时间保持这个姿势实在太辛苦了，再拿着一支和计算机拴在一起的沉重的笔，更会使手指和手臂异常疲劳。有些光笔的直径达 1.3 厘米，用的时候感觉就好像夹着雪茄写明信片一样。今天用于所谓"手写"输入的"慧笔"，实际并不是"光笔"的后代，而是数据板的"儿孙"。

OCR 和语音输入

另外，还有一种英文缩写叫作"OCR"的输入方式被使用。它是一种以图形方式做汉字识别的文本输入技术，对印刷体文字的识别正确率可以达到98%以上。它的原理是这样的：用一台扫描仪扫入书面的文字材料，如报刊、书籍、文件等，形成一种扩展名为"TIF"或"JPG"的图像格式，然后通过一种"图像—文字"的转换软件把这些图像还原成为计算机可以识别的文本文件。不过，它对手写体的识别尽管有了很大改进，但还不太理想。

■ 图 3-9-15　　无线压感笔绘图板和笔感应式液晶数码屏

■ 图 3-9-16　汉王公司的文本扫描仪

多年来，各国科学家一直在进行语音输入的探索。目前这个领域已经取得了不少进展，例如科大讯飞的讯飞输入法就是一套成熟的"语音—文字"翻译系统，在满足一定条件的情况下，它甚至可以代替会议速记员。

现在，简单的语音输入已经大量应用在高档手机命令上，如果下载一个语音输入软件，我们的电脑和手机就会变成一个语音写作工具，可以用说话的方式来写邮件、作文章。需要的基本设备仅仅是：一台台式电脑、平板电脑或一部智能手机，安装相关软件，连接语音输入的基本设备，如麦克风。但是，由于现在的电脑和手机多数已经集成了麦克风功能，等于为使用者提供了更多方便。讯飞输入法现在已经能够以一般较快语速进行普通话语音输入，还可以通过设置适应多种方言口音的语音输入，且效果还不错。

■ 图 3-9-17　计算机语音输入的常用设备——耳麦

种类繁多的输出设备

　　输出设备是整个计算系统中最后产生革命性改进的环节。在大规模集成电路出现以前，计算结果只能输出数字，而且是机械式的比较粗糙的打印输出。稍后，人们采用光电管显示计算结果，不仅效率提高不多，还要人去抄写输出结果，当然不能令人满意。所以人们总是在不断寻求更好的解决办法。

　　点阵式打印机曾经是一场引人注目的输出革新。最初的打印机是 7 针、9 针机械击打式点阵打印机，不仅速度极慢，而且字体粗糙、单一。但它比起原来的输出方式已经是进步不小了。24 针宽行打印机出现后，由于字型有较大改进、打印速度也有很大提高，因而曾经风靡一时。

■ 图 3-9-18　针式打印机　　　　　■ 图 3-9-19　喷墨打印机

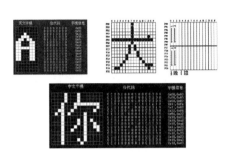

■ 图 3-9-20　点阵显示汉字示意图

　　直到 2010 年前后，许多国内用户还是对爱普生公司的 LQ-1600K 24 针针式打印机情有独钟。

　　后来，激光打印机问世，以精美的曲线字型输出独领风骚。但是，它的价格在开始的十余年间是很昂贵的，所以，个人用户还不敢问津。现在物美价廉的普通黑白激光打印机在大多数场合基本已经取代了针式打印机。

■ 图 3-9-21　联想激光打印机

　　喷墨打印机从问世时起就是面向家庭的，所以性价比很高，而且现在从低档到高档，从黑白到彩色，品种规格很多，甚至有专门用来打印彩色照片的，给人以很大的选择余地。

■ 图 3-9-22 彩色照片打印机

现在，一台很好的彩色喷墨打印机只要 1000～3000 元人民币，激光打印机也有了许多平民价位的品种。

为了满足人们的多功能需求，市场上也出现了打印、传真、复印的一体机。当然，它也有激光与喷墨两个系列的产品。

■ 图 3-9-23 打印、传真、复印一体机

另外，还有专门用于计算机辅助设计的绘图仪。人们根据不同的标准把绘图仪进行分类，根据画图笔的不同，可以把它们分为笔式与喷墨式；根据走纸方式，可以分为平板绘图仪与滚筒式绘图仪。

由于笔式绘图的动作太慢，画一张较复杂的图往往需要几十分钟，所以笔式绘图仪已经被喷墨式绘图仪取代。现在的喷墨式绘图仪可以在几分钟内完成一张精美的 0 号图纸。使用绘图仪实现计算机绘图输出通常采用脱机的工作方式，即用带有存储装置的控制器来控制图形的绘制。绘图仪有很高的精度，可以用来绘制结构图、施工图、零件图、集成电路布线图等。

■ 图 3-9-24 滚筒式喷墨绘图仪

■ 图 3-9-25 A3 幅面彩色喷墨打印机

近年来，最受用户欢迎的是彩色喷墨式绘图仪。因为它不仅可以用来绘制工程图纸，还可以喷绘精细的彩色图像。最新式的彩色绘图仪可以输出彩色照片及工程设计的效果图。如惠普公司的产品可以直接输出 1370 毫米宽，十余米长的大幅面彩色灯箱广告。据说有的厂商提供的绘图仪进纸宽度甚至已经达到 2.5 米。

另外，还有一种热式彩色打印机的输出效果也是很不错的，只是它输出的幅面较小，限制了它的使用范围。

越来越大的"内存"和"外存"

最初的计算机只有几十个字节的随机存储容量。随机存储器，又叫"内部存储器""内存"，它在机器运行时存储程序和数据，包括原始数据、中间结果和最后结果。比较而言，内存的存储容量较小，但其存取速度快，价格较高，IBM PC 系列计算机中的内存最早只有 256 KB，后来逐渐扩充到 512 KB、640 KB。它的"接班人"286 机、386 机和 486 机分别发展到 1 MB、4 MB、

8 MB 内存。再往后的"奔腾"机有 16 MB、32 MB、64 MB 内存已经不算稀奇。随着多媒体功能的开发和计算机硬件研发的加速,新一代微型机的内存需求也越来越大。现在,如果要运行最新的 Windows 操作系统或者最新的图像处理软件,没有

■ 图 3-9-26　容量 1MB 的 30 线内存条

4 GB 以上的内存就无法工作了。现在,计算机相等容量的内存价格只相当于当初的几百分之一。

　　内存最主要的两个性能指标是内存容量和存取速度。内存容量的大小影响程序的运行。由于新的软件越来越复杂,功能越来越强大,运行所需的内存也就越来越大。在内存容量小的机器上运行大型的软件,执行速度会很慢,甚至完全不能运行。通常,磁盘操作系统所能直接管理的内存为 640 KB,对于高于 640 KB 的内存,操作系统用其他的方法进行管理。

■ 图 3-9-27　DDR400　512 MB 内存条

　　人们常说的"内存速度"是内存允许的存取速度,它由 PC 机内存芯片的速度决定。高速的 CPU 芯片要求高速的内存芯片与之匹配,否则,CPU 就要放慢自己的速度来和内存打交道,这样做必然会降低计算机系统的工作效率。

　　内存储器按访问方式,可分为随机读写存储器 RAM(Random Access Memory)和只读存储器 ROM(Read Only Memory)两种。

　　RAM 是可读可写的存储器,它用于存放经常变化的程序和数据。RAM 的特点是:它只有在计算机加电的情况下才能存储信息,而当关掉电源后,存储在 RAM 中的信息就会消失。我们通常所说的内存,一般就指 RAM。

　　ROM 是只读存储器,它只能读而不能写。它的特点是:ROM 中的信息一旦写入,就会永久保留,内部存储的信息即使在断电时也不会丢失。

ROM 一般用于存放系统中不变的程序和数据，它内部的程序和数据是由计算机制造商在制造计算机时，用特殊的方法写入的，以后就长期保存在 ROM 中供用户使用。

辅助存储器又叫外存，一般指软盘和硬盘，但现在软盘基本已经被淘汰了，代之而起的是"闪存盘"。它

图 3-9-28　主机板上的只读存储器 ROM

用于存储主机暂时不用的程序和数据，或作为内存的补充。它的特点是：存储容量大，但存取速度较慢；存储时间长，但价格相对便宜。单张软盘容量有 1.2 MB、1.44 MB 等数种。但随着可移动存储器，如存储卡和优盘、移动硬盘的出现，原来作为主流存储介质的软盘已经被淘汰，内存芯片的发明和大量使用已经引起一场存储革命，冲击着以往所有传统存储介质的地位。

硬盘的容量种类就更多，目前 PC 系列微机的硬盘容量一般都在 500 GB 到 6 TB 之间，现在硬盘厂家已经生产出容量更大的硬盘。高档计算机一般同时配置大容量的高速硬盘。

计算机的硬盘是计算机存储程序和数据的地方。计算机的系统软件和各种应用软件一般都安装在计算机的硬盘上（有时也存放在光盘上，但是光盘的读取速度比硬盘要慢），当需要运行的时候再调入内存执行。

计算机硬盘的存储容量是硬盘大小的衡量标志，容量越大，能够存储的软件和数据就越多。当然在其他条件相同的情况下，硬盘容量越大，硬盘的价格也越高。

20 多年前，个人计算机的硬盘一般在 40 ～ 500 兆字节（简称 40 ～ 500 MB）之间。现在，存储容量在 1 TB（约 1000000 MB）以下的硬盘已经成为不易寻找的"古董"。

1956 年，IBM 公司推出了当时的"海量存储器"——第一个 5 MB 硬盘 IBM-350 RAMAC 的时候，它的体积可以说"十分巨大"（见图 3-9-29），它的容量仅为 5 MB，质量却达到 1 吨。但在当时已经是很不得了的进步。

■ 图 3-9-29　最早的 IBM-350 RAMAC 硬盘

■ 图 3-9-30　现在常见的硬盘的外观

随着硬盘生产技术的进步与成熟，它的容量不断扩大，但体积却在不断缩小。20 世纪 90 年代后期至 2010 年前，硬盘容量从主要以 1 GB～4 GB 为主发展到以 320 GB 上下容量为主，不少高档的计算机已经开始配置 500 GB 以上的硬盘，尤其是多媒体服务器更是配备了 1 TB 的硬盘。

随着技术的进步，硬盘的容量越来越大，相对价格越来越低，20 世纪 90 年代末，当时的主流硬盘容量升至 4.3 GB，价格降至 1600 元人民币，人们大喜过望。因为 20 世纪八九十年代，一块几十兆字节的硬盘也基本是这个价格。到了今天，这个价格已经可以购买 8 TB 的硬盘了。2～6 TB 容量的硬盘也已经成为个人计算机的标准配置。

软盘曾经是个人计算机的另一种最常见的存储设备。计算机软盘由软盘驱动器和软盘介质两大部分组成。软盘驱动器是支持软盘工作的电路器件。软盘介质是存储数据的载体。为了方便起见，一般简称软盘。与计算机硬盘相比，计算机软盘的存储容量比较小，往往只有 360 KB（千字节）至 1.44 MB（兆字节），后来有的厂家也生产过容量可以达到 2.88 MB、甚至 100 MB 的软盘。但是，作为当时国际上的高端实验型产品，它们在我国从来没有形成过市场。

■ 图 3-9-31　8 英寸软盘与 5 英寸、3 英寸软盘对比

计算机软盘的另一个重要的特点是，它们可以从一台计算机的软盘驱动器中取出来，然后放入另外一台计算机的软盘驱动器中，从而实现计算机之间的数据交流。而在当时，价格昂贵的计算机硬盘相对来说就不容易实现这种交流。直到 2000 年前后，市场上才出现了可以外接的"移动硬盘"，这时，光盘驱动器也以较大规模上市，软盘驱动器的黄金时代宣告终结。2008 年，软盘驱动器厂商宣布最后一条生产线停产。

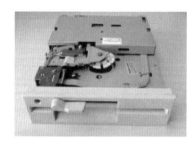
■ 图 3-9-32　5.25 英寸软盘驱动器

■ 图 3-9-33　3.5 英寸软盘驱动器与软盘

■ 图 3-9-34　移动硬盘和光盘驱动器

CD-ROM（光盘只读存储器）是计算机尤其是多媒体计算机在一段时间内常用的存储部件之一。它的作用有点儿类似计算机的硬盘或者软盘，但是又不完全一样。硬盘或者软盘是既可以读、也可以写的；而 CD-ROM 光盘则只能由专用的写盘机写一次，可由计算机通过 CD-ROM 光驱反复读很多次。后来可擦写的光盘驱动器已经全面替代了 CD-ROM 成为计算机的标准配置。

■ 图 3-9-35 普通 CD 光盘与可擦写光盘

与软盘相似，普通光盘是一个直径 5 英寸（12.7 厘米）的很薄的薄片，但是存储容量比软盘的容量要大得多，可以达 500 ～ 700 MB，甚至更高。特别适合存储多媒体、大型系统软件、应用软件等大量的数据、软件、资料等信息。20 世纪 90 年代至 21 世纪初，在互联网大规模普及之前的很长一段时间里，绝大多数软件公司都把软件以光盘的方式销售，使得软件的携带与安装更加方便和容易。

普通 DVD 盘片以更大的容量取代了以前较小容量的光盘。普通 DVD 盘片的容量为 4.7 GB，相当于五六张 CD 光盘，但需要可以读取 DVD 盘片的驱动器来读取盘片上的内容。在 DVD 驱动器已经普及的情况下，除了去旧货市场淘旧货，市场上的普通 CD 驱动器已经寻觅不到踪影了。

双面 DVD 盘片容量可以达到普通 DVD 盘片的 2 倍，但也必须由支持其读写的特定驱动器来进行读写操作。

■ 图 3-9-36 不同的 DVD 光盘

例如，以索尼公司为主开发的 DVD "蓝光" 盘片，现在已经居于高密度 DVD 榜首，它的单层存储容量在 23.3 ～ 27 GB，双层存储容量在 46.6 ～ 54 GB，多层蓝光盘片容量甚至可以达到 200 GB。极适合存储高清晰度的视频节目。但是，目前蓝光 DVD 驱动器与光盘盘片的价格仍然是比较高的。不过随着高容量闪存盘可靠性的提升和移动硬盘性价比的提升，这种顶级高容量光盘也遇到了强劲的对手。我们可以根据需要选取最适合我们的可移动产品。

磁带驱动器能长久吗？

磁带驱动器技术是现存"年龄"最大的数据存储方式之一。这种存储方式目前依然没有衰败，特别是在专业领域。

计算机磁带存储之所以能够长盛不衰，最主要的原因还在于它在大规模数据存储方面的经济性和可靠性。而且磁带存储的密度也在随着技术的进步而增加，其存储的可靠性是毋庸置疑的。实际上，目前存储在 PC 机硬盘上以及网络服务器中的很多数据都具有档案性质，例如数字化图片库和大型数字化文档等，这意味着硬盘所具有的瞬时存取特性在这里是不必要的。目前市场中的磁带驱动器大致可以分为两类：一类是主要用于 PC 机硬盘备份的小容量磁带驱动器；另一类是主要用于在线资料存储的大容量磁带驱动器。

图 3-9-37　磁带存储机

磁带的主要缺点在于，它是一种线性的数据存储介质，因此它的数据存储时间要比磁盘系统慢得多。在大规模的数据存储中，较低的成本是磁带存储的最大优势——这在很长时间内依然被一些专家和一些使用部门看好。

但是，这种情况已经在改变。随着硬盘容量不断扩大、各类闪存存储卡和高密度光盘技术的不断改进与发展，它们的单位存储成本现在大约已经与磁带存储不相上下。因此，尽管存储磁带现在依然保有一定的市场，但我们预计，这些新的存储方式最终会低于磁带存储的成本，又由于它们体积小、易保存、存取速度快的固有优势，它们的"胜出"与磁带存储走向"没落"已经成为无可挽回的必然趋势。

中国人发明的闪存盘

现今最"年轻"的存储设备应该就是闪存盘了。因为它是被插在计算机的 USB 口来使用的，所以俗称 U 盘，也称"优盘"。很多人可能没有留意，它是一项中国人的发明，其专利为中国深圳朗科科技有限公司拥有，是世界上首批创造基于 USB 接口，采用闪存（Flash Memory）介质的新一代存储产品。它填补了国内闪存应用及移动存储领域 20 年无核心专利的空白，现在已经成为主流移动存储模式之一。

■ 图 3-9-38　朗科双模插口 U 盘

闪存盘的普及和可靠性的提高，终结了不少传统存储介质的生存周期，给老师、学生的教与学带来前所未有的便利。我们衷心期待这样的中国创造更多一些！

（十）多媒体计算机的普及

20 世纪八九十年代，计算机技术发展最快、最引人注目的就是计算机网络和计算机多媒体技术的普及。我们在下文还要详谈计算机网络。这里先简单说说多媒体。

现在的微型计算机都具有多媒体功能，所以许多人无法理解当年多媒体计算机的出现时令人震撼的场面，虽然在今天看来，那时的所谓"多媒体"仅仅是增加了非常简单的音频和视频功能。当时由于受计算机 CPU 及其配套系统的功

1957 年　　　　　　　2008 年

■ 图 3-10-1　1957 年与 2008 年计算机显示与输入方式对比

能所限，人们在计算机上欣赏音乐、处理高质量图像似乎还是一个遥远的梦。当时由于声卡和视频解压卡的出现初步解决了这个难题，所以引起了全球的轰动。

在当时的情况下，要处理多种媒体信息，就必须有声卡、视频解压卡等能够处理这些多媒体信息的部件，以及存储这些信息的 CD-ROM。在当年，多媒体配件刚刚问世的时候，人们很难承受这些硬件昂贵的费用——那时，一个 CD-ROM 就要上千元，一个多媒体软件同样价格不菲。所以，最初多媒体计算机的构成虽然比较简单，普通百姓也难以问津。但是，随着技术的发展与普及，多媒体部件的成本也在不断下降。现在，所有计算机都已经具备了高于当年高端多媒体配置的功能，而且这样的计算机的整体价格，也不过是 20 世纪 90 年代初一套多媒体部件的水平。

在 20 世纪 90 年代时，多媒体计算机与一般计算机的区别除了 CPU 性能高、内存多、硬盘大之外，就是机内安装有声卡、视频解压卡和 CD-ROM。后来，随着硬件价格的降低，一些普通计算机逐步把 CD-ROM/DVD 驱动器作为标准配置，所以，在一段时间内，多媒体计算机与普通计算机最主要的区别就是它机内有声卡和视频解压卡。

图 3-10-2　视频解压卡

只有硬件，而没有相应的多媒体软件支持，就不会有多媒体的效果。多媒体软件包括了所有与多媒体有关的软件产品，除了多媒体操作系统之外，一般还包括创作工具和应用软件两个大的部分。对普通用户来说，最需要的是多媒体的应用软件。如典型的百科全书、辅助教学软件、游戏娱乐节目等。那时它们大多用光盘为载体。所以一般在说多媒体软件的时候是指光盘上的视听资料和相应的播放软件。

20 世纪 90 年代中期，多媒体软件的价格在国外是比较贵的，一张多媒体光盘的价

图 3-10-3　当年的多媒体光盘

格多为 40 美元左右。而国内相对便宜些，那时价格在 20～200 元人民币。当然这个价格能够购买的只是一些学习或者娱乐用的小的应用软件，如《轻轻松松背单词》《空中英语》等。现在，从电影、电视剧到各种精彩的节目，从不同类型的电子游戏到不同年龄段的教育软件，多媒体应用程序已经无所不在。

■ 图 3-10-4　优盘版工具书《词源》　　■ 图 3-10-5　国产优秀办公集成软件

　　随着多媒体软件与多媒体技术的大规模应用，其价格也已经越来越"平易近人"，能够被越来越多的人所接受了。例如，有一部分计算机厂商已经把多媒体功能集成到 CPU 或者主机板上，所有的电脑都超过了当年"多媒体电脑"的水平。而且，国内外许多知名软件厂商还陆续推出一些对个人用户完全免费的软件，其中不仅包括 Media Player、Real Player、暴风影音等多媒体播放软件，甚至连金山 WPS Office、永中 Office 等我们通常称之为"办公软件"的多功能应用软件也已经加入到免费软件的行列，它们的文字与表格处理的基本功能与多媒体功能都很强大，而且多数功能与微软的 MS Office 兼容。如果采用网络下载的方式去获得它，那么，就连一张光盘的费用都可以省掉了！

　　现在，零部件微型化与功能多媒体化的技术已经使计算机从工作领域扩展到文化娱乐方面，从计算机多媒体衍生出具有多媒体功能的手机、照相机，甚至出现了单纯用于娱乐的 MP3、MP4、平板电脑和手持游戏机，从而使精彩的计算机多媒体技术渗透到人类生活的各个角落，使人们的生活变得越来越丰富。

■ 图 3-10-6　华为平板多功能电脑

四、无所不能的计算机

（一）形形色色的计算机

计算机的分类

计算机根据计算能力可以分为大型机、中型机、小型机和微型机。按常规说，它们的体积也会有所不同。但是，随着现代科技的发展，体积的大小已不能成为划分计算机类型的决定性条件。例如，我国的银河系列巨型机陆续问世时，每秒运算速度已经分别达到亿次、十亿次、百亿次，但是它的体积未必就大于当年那台每秒只能运算 5000 次的埃尼亚克。另外，前几年的大型机在功能上也许只能与今天的中小型机打个平手。

■ 图 4-1-1　1999 年问世的神威 I 巨型计算机

计算机行业是世界上发展最快的产业之一，几年前的技术标准很容易就会成为历史。死抱住某个具体的分类标准不放，说不定会闹出笑话。

■ 图 4-1-2　最初的便携式计算机 IBM Portable PC（1983）

不过，也有依据计算机尺寸的大小划分其类型的情况。如微型计算机，就包括了掌上型计算机和现在正在逐步平民化的笔记本型计算机，及平板电脑这些外观小巧的机型。所有这些微型机都会尽力向自己的"名称"靠拢。既然叫微型计算机，就应该比普通型计算机小得多。其实最普通的台式个人计算机也属于微型机，我们一定会觉得它不够"微小"！因为这与它的历史发展有关。在台式个人计算机诞生的时候，普通的计算机都要比它大几十倍，甚至几百倍，相比之下，它就是"微型"的了。由于它现在已经成为大众化的机型，太普通了，相较那些更小巧的机型，我们就不觉得它的"个头"小。

便携式计算机最开始上市的型号当时有几十千克，虽然可以装进旅行箱，却也有点"携带不便"。后来，随着科技不断进步，计算机的电子器件集成度越来越高，便携式才逐渐发展成现在又薄、又轻、又"靓"的笔记本型计算机，以它为代表的便携式计算机才真正做到了名副其实。

市场上曾经出现过一类"超便携"式计算机，显示屏幕仅有10英寸（约25厘米）左右，曾经很受人们的欢迎。

■ 图4-1-3　2008年的笔记本型计算机

■ 图4-1-4　超便携的"易PC"

■ 图4-1-5　彩屏三合一掌上电脑

掌上型计算机的名称就更形象了，它只有普通的计算器大小，但却有很强的功能。有些功能强大的手机，实际上已经是一台掌上电脑……

计算机根据它们的用途还可以分为专用机、通用机。这一点在前文中已有交代，这里就不重复了。

另外，还有图形功能强大、可以带几个终端、专门用于工程设计单位的计算机——图形工作站，专门用于网络信息交换的、功能很强的服务器以及专门用于上网的、类似终端功能的网络计算机（NC），都是各有所长。

　　网络服务器和工作站实际上也是计算机，只不过这些机器的性能高低不一，功能各异而已。服务器的性能很高，功能很强，价格自然也很贵。一般它要运行一种网络操作系统来支持网络、管理文件。工作站及其终端的性能与网络服务器相比要低一些，功能也比较弱，有些终端机甚至没有存储能力，价格也相对便宜得多，不过它可以借用服务器的性能，进行各种计算或处理。

■ 图4-1-6　联想公司推出的图形工作站　　　　■ 图4-1-7　某新闻单位的网络服务器

　　超级计算机（Super Computer），简称"超算"，是指能够执行个人电脑无法处理的大数据量和无法完成的大计算量的高速电脑，也称"高性能计算机"。

　　超级计算机的特点是：①速度更快。对同一个问题的计算比单机系统更快，如可扩展的数值天气预报系统就需要超级计算机进行即时或实时的处理，才可能达到防灾减灾的效果。②功能更强。计算比单机系统更大的问题，如石油勘探以及地震实时监测，都有海量数据需要尽快处理，对计算机的计算功能就有很高的要求。③更多的应用。同时面向更多的用户，支持更多组的计算任务。可以设想，在京东、淘宝的"购物节"时，电商面对的是数以千万计的用户，一般的计算机服务器的系统根本承载不了这么大的访问量，我们为什么没有感到购物有什么延迟呢？就是因为超级计算中心的强大计算功能在发挥作用。它在工业领域也已经得到广泛的应用。

　　高精度天气预报、新材料研究、地球系统模式研究、宇宙演变研究、密码破译以及武器研究都对超级计算机有强烈的需求。

如果你关心世界超级计算机的发展状况,可以登录网站 **www.top500. org**,了解 1993 年以来世界超级计算机历届前 500 名的榜单。

现在,超级计算已经成为科学研究的必备手段,与理论研究、实验研究并列。它已经成为一个国家科技发展水平的重要标志。

(二)计算机操作方式的改进

世界上第一台电子计算机诞生以后,在很长一段时间里,能够掌握、使用计算机的人是很少的。在那时,谁要使用计算机,谁就必须掌握复杂的计算机指令系统和软件编程语言,自己设计程序。把程序设计好以后,还要把它和需要计算的数据做成穿孔纸带和卡片,输入到计算机中,计算机才能根据它们进行科学计算。那时,计算机价格昂贵、数量很少,掌握它的人也不多。所以,在 20 世纪 40 年代至 50 年代,它主要用于科学计算和军事用途,一般人还不能问津。即使到了 20 世纪 60 年代中后期,最成熟的三代机 IBM-360,它的只读存储器依然是穿孔卡片,外存储分别是磁带及磁带驱动器,磁盘及磁盘驱动器。

IBM-360 从那时开始投入巨资开发通用操作系统,历经 5 年系统才推向市场,虽然里面仍然存在近千个 Bug(缺陷),但这依然是一个划时代的大事件。

后来,带有键盘和显示器的终端机出现,改善了人机对话环境,拉近了人与计算机的距离,终端和主机之间的通信形成了早期的计算机通信系统。那时,计算机的工作以主机为主,人们通过使用各个实验室与主机相连的终端共享主机的计算能力,这种方式称为主从式计算机系统。

进入 20 世纪 80 年代后,随着个人计算机的出现和迅速普及,掌握计算机的人越来越多,计算机也在不断扩大自己的应用领域。随着如 Windows 这样的图形操作界面和各种应用软件的成熟与普

图 4-2-1 IBM-360 的只读存储器依然是穿孔卡片

及，使用计算机变得越来越容易了。

现在，计算机不仅可以更方便地进行科学计算，更广泛地用于文字录入和文档管理，在其他领域的应用也有很大的进展。例如，财会人员可以用计算机进行数据统计和账目管理，工程技术人员可以用计算机来进行产品设计，管理人员可以用计算机来实现生产过程的控制，教师可以用计算机来进行辅助教学，等等。

在我国，随着计算机技术的发展和计算机应用的普及，计算机逐步走出了科学实验室和专用机房，摆上了办公桌、生产线，进入了商场的收银台，走进了越来越多的学校和家庭。

现在的个人计算机是很容易操作的，因为每台计算机都有一个独立的或公用的操作系统。操作者通过键盘和鼠标发出命令，计算机根据这些命令，做操作者要求它做的各种事情。随着计算机功能的增强，人们又希望能够彼此交换各自计算机里的程序、数据和报表等，这就提出了各自独立的计算机个体之间相互通信的问题。用专用术语来说，就是联机通信，或建网、入网。

个人计算机主要采用磁盘操作系统（DOS）及其扩展形式，包括 PC 机的 Windows 操作系统和苹果机的 Macintosh 操作系统等，工作站则采用网络操作系统。在不同机种之间交换信息需要有互联设备，所以必须有一个共同的网络操作环境。但现在的情况有所改变，一种叫作"JAVA"的计算机高级语言可以实现跨平台、跨机种的编程和应用。有人认为，这种趋势代表了将来计算机软件设计的发展方向。

DOS

Windows 10

■ 图 4-2-2　操作系统的启动界面

总之，尽管现在计算机操作方式与早期相比已经有了很大的进步，但对一般人来说，还是显得有些烦琐。所以，人们一直没有停止使它更加便捷易用的探索步伐。

键盘输入命令比起插拔导线式命令输入是很大的进步，磁盘代码系统取代穿孔卡片和纸带输入是一个重大革新，视窗操作系统比较 DOS 而言，又是一个很大的飞跃。人们用创造性将自由度在这一次次的改进中加以提升。更加方便一般人使用计算机的交互式操作方式正在紧锣密鼓地开发研制中。

（三）计算机怎样工作

计算机基本系统的组成

计算机基本系统由 5 个基本部分构成，它们分别是运算器、控制器、存储器、输入设备和输出设备。其中，运算器和控制器两个部分现在已经设计在一个芯片上，通常称为中央处理器（CPU）或微处理器（MPU），图 4-3-1 是计算机基本系统的组成框图。这几个部分的主要功能如下：

运算器：对数据进行算术或逻辑运算。

存储器：用来寄存程序和数据。包括原始数据、中间结果和最后结果。

控制器：控制计算机各部分协调工作。它可以从存储器中取出指令并加以解释（译码），产生相应的控制信号，使各部分有条不紊地工作。

输入设备：将原始数据和程序以二进制代码的形式输入到存储器中。常见的输入设备有键盘、鼠标器、轨迹球、扫描仪等。

输出设备：将计算结果以适当的形式输出给用户使用。常见的输出设备有显示器、打印机、磁盘等。

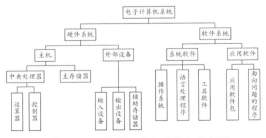

■ 图 4-3-1　计算机基本系统组成框图

　　计算机工作的过程，实际上就是执行程序的过程。计算机能够直接执行的指令的总和构成计算机 CPU 的指令系统，而指令系统功能的强弱是衡量 CPU 性能的一个重要指标。

　　你要使用计算机，必须用计算机所能懂的程序语言告诉计算机，你要它做什么，然后把这些程序存储于存储器中。计算机通过逐条执行你的程序来完成你要它做的工作。

　　CPU 和存储器构成计算机的主机，主机的功能就是执行程序、处理数据。

硬件与软件

　　谈到计算机，常常会接触到这样两个词："硬件"和"软件"。它们指的是什么呢？

　　简单地说，硬件就是计算机的可见部分，如主机板、CPU、硬盘、软盘、CD-ROM/DVD 驱动器、显示器、键盘、鼠标器等，它是计算机的执行部件。软件则是不可见的部分，是计算机的指挥部件，两者相辅相成，缺一不可。

　　软件好比是计算机的灵魂。一台计算机如果没有软件的话，即使它的硬件性能再好，也还是会什么事情也干不成。

　　软件一般可以分为系统软件和应用软件两大类。系统软件是维护计算机正常工作、系统正常运行的软件，也是联结普通操作者和计算机工作的桥梁，例如操作系统、数据库管理系统等。其中操作系统是计算机运行所必须的，是现在的每一台计算机都必须要有的，它是重点中的重点。应用软件是为完成某类任务而设计的软件，例如那些可以应用于不同行业的文字处理、表格处理、绘图、财务管理等软件，都属于应用软件。音、视频播放器，聊天软件，电子游戏也属于应用软件。

计算机的应用分类

　　计算机的应用可分为两大类：数值计算和非数值计算。数值计算，我们也叫它"科学计算"，主要用来处理各种复杂、大量的数学计算问题；而非数值计算，我们也可以把它叫作"信息处理"，它涉及的领域就太多了。可以说，方方面面的信息都可以交给计算机来处理。我们大致可以把它分为以下几个大类：商务信息处理；人工智能；自动控制；辅助设计。

多媒体功能和网络功能则是以上功能的扩展和延伸。从 20 世纪八九十年代开始，随着计算机功能的增强，它的触角也开始伸进了艺术创作等各个领域。

计算机是怎样应用于各个领域的？现在又达到了什么程度？下面就结合一些具体事例来讲一讲。

（四）高速神算

数值计算是计算机的拿手好戏，早期电子计算机的主要用途就是做数值计算。实际上，当初人们发明计算机的主要原因就是看中了它的高速运算能力。不断改进计算机性能的目的也不外乎是要它的速度更快、功能更强。

数值计算属于专业应用，它不同于我们日常使用个人计算机所做的多数工作。

计算机解题过程是这样的：首先针对科学研究或工程方面遇到的具体问题，建立起数学模型，找出最适合计算机采用的计算方法，然后画出流程图（即逻辑框图），再用算法语言（如大家熟知的各种编程语言）编写计算机程序。这个工作就是"程序设计"。现在的程序设计一般经过编写、校对、调试等步骤，确认无误以后记录到磁盘上，再通过磁盘驱动器把程序送入指定的计算机中，由计算机执行这个程序，进行计算，最后输出计算结果。

数值计算的关键是解决算法问题，它属于计算数学的范畴。

从 20 世纪 50 年代开始，我国在计算数学领域就已获得了相当发展。20 世纪 50 年代末至 60 年代初，计算所的冯康教授在解决大型水坝计算问题的集体研究实践的基础上，独立于西方创造了一套求解偏微分方程问题的系统化、现代化的计算方法，发表了题为《基于变分原理的差分格式》的著名论文，将其命名为"基

■ 图 4-4-1　对计算与工程数学做出重大贡献的冯康教授

105

于变分原理的差分方法"，即现时国际通称的"有限元方法"。有限元方法的创立是计算数学的一项划时代成就，它已得到国际上的公认。

计算机辅助造型以及有限元方法是随着计算机技术的应用而发展起来的一种先进的 CAD/CAE 技术，现在已经被广泛地应用于各个领域中的科学计算、设计、分析中，成功地解决了许多复杂的设计和分析问题，已成为当代不同领域工程设计和分析中的重要工具。

数值计算在当代的尖端技术领域中是非常重要的，因为任何高新技术研究都会遇到大量复杂的数学计算问题。人造卫星、宇宙飞船……的研究设计，现在都离不开计算机。

数值计算对于我国的现代化建设起着十分重要的作用，在这个方面，计算机的作用被怎样估计也不过分。

（五）轨迹可求

1970 年 4 月 24 日，我国成功地发射了第一颗人造地球卫星。当时，每个中国人从收音机里听到卫星从太空中播放的《东方红》乐曲声时，都为祖国取得的巨大成就感到骄傲和自豪。

此后，我国不仅成功地研制和发射了气象卫星、地球资源卫星和通信卫星，而且还成功地发射了"神舟"载人宇宙飞船、"嫦娥"绕月卫星、探索月球的飞船及月球车。2008 年 9 月，我国的航天员成功实现了出舱"行走"并成功返回；2011 年 11 月 3 日凌晨和 11 月 14 日，我国的神舟八号飞船与天宫一号空间实验室两次自动交会对接成功；2012 年 6 月 18 日，天宫一号与神舟九号飞船成功进行首次载人交会对接；2017 年 4 月 22 日，我国的货运飞船天舟一号和天宫二号空间实验室交会对接成功，为天宫二号进行推进

■ 图 4-5-1　东方红一号卫星模型

剂在轨补给。从运载火箭发射，到飞船、实验室入轨变轨，从探测捕捉目标，到控制对接过程，这一切都离不开工程技术人员的预测、设计和周密思考与计算，当然也离不开功能强大的计算机的辅助指挥与精细自动控制。

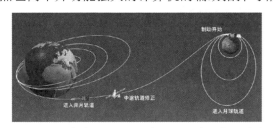

■ 图 4-5-2　嫦娥一号卫星"奔月"示意图与"嫦娥"发回的月球照片

在卫星的制造和发射过程中，卫星的质量、火箭的推力、发射角度、预定飞行轨道、运行中调整参数等，都要经过电子计算机进行科学计算，要求达到很高的精确度。

卫星在无边无际的太空中遨游，每两个多小时就绕地球飞行一周。在发射东方红一号卫星时，为了让世界各地都能看到这颗中国卫星，中央人民广播电台每天都向全世界发布卫星飞经各地的准确方位和时间。我国人造卫星正确运行在预定的轨道上，这是与电子计算机的正确计算分不开的，它也反映着当时我国电子计算机发展的水平。

■ 图 4-5-3　我国航天员翟志刚在太空出舱后向地球上的人们问候

无限的宇宙等待着人类去进一步探索。我国现在已经发射了载人宇宙飞船，正在准备建设太空空间站，全面实现登月工程"绕—落—回"的规划，进

■ 图 4-5-4 宇航员在舱外挥舞五星红旗

一步实现对外太空的探索与研究，以造福人类。

当我国的宇航员每次带着中国人民对人类美好未来的祝福升空、满载丰硕的成果安全返回地面时，我们应该知道：这一切，都要经计算机做出细致、精确的安排。空间科学的所有进展都有着电子计算机的参与，且不可替代。

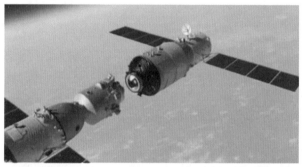

■ 图 4-5-5 天宫一号目标飞行器与神舟十号飞船成功实现自动交会对接

■ 图 4-5-6 我国宇航员对中小学生进行太空科普

（六）风云可测

地球上的风云变化，关系到国计民生。做好气象预报，对农业、航运、军事都有着直接的影响。准确地预报天气及其变化趋势，可以减少乃至防止灾害性天气对人类生产、生活的不利影响，有效减少人民的生命财产损失，是关系到国民经济建设和人民生活的大事。

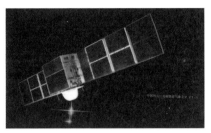

■ 图 4-6-1　风云一号极轨气象卫星

古人因为把握不住气象变化的规律，所以才有"天有不测风云"的说法。人类步入高科技时代后，随着更多超级计算机在气象分析与天气预报方面的应用，已经大大改变这种被动的状况。在许多国家和地区，气象部门一般都是最早使用超级计算机的单位。

人们通过各气象台站、气象火箭、气象卫星观测到的气温、气压、风力、湿度，以及各水文站测到的水位、流速等观测数据，应用大气和水流的数学模型进行计算，就能找到大气和水流的运动规律。但是，这方面不仅数据量很大、计算复杂，而且还需要尽快得到计算结果。过去采用人工计算，必须大量简化数学模型，所以就更难得到准确结论。有时虽然能够得出计算结果，但由于耗时过多，报告出炉时基本已经成了过时的东西。因此，气象分析要求使用大型高速计算机。超级计算机可以把大气层变化的大量资料及时汇总、加工并绘制

■ 图 4-6-2　风云二号气象卫星云图

成气象图。有了气象图，就能准确掌握台风的形成发展过程及它的走向。每年中央气象台都要预报多次台风消息，每次预报都要求提前把风力、登陆地点、经过时间等及时准确地告诉有关地区的人们，以便采取预防措施，以利于防灾减灾。

全世界现在有几百颗气象卫星在环绕地球运行。卫星发回的资料已成为气象部

门预报天气和进行科学分析与研究的重要依据。人们可以通过卫星从空间鸟瞰全球大气，及时掌握并预报气象变化的最新状况。

例如，有一年夏天，我国淮河流域连降暴雨，水位不断上涨，情况危急。如果按照经验性的做法，就可能是采取炸堤保水库的措施，这样就会淹没几十万亩良田。但科研人员根据气象卫星发回的资料，并通过计算机进行计算，结果显示：大雨很快就会停止。于是决定不炸堤，从而保住了几十万亩庄稼，避免了人民生命财产的不必要损失。

现在，人类为攻克半球、全球范围中长期天气预报的难题，需要加快发展空间科学技术，这些工作都迫切要求研制和使用更高速度和更大存储容量的计算机。

（七）系统控制与战地"高级参谋"

军事运用是科学技术发展与应用的最强大的推动力量之一，计算机当然也不例外。在国防现代化的建设中，计算机已成为反导弹武器系统的枢纽。

■ 图 4-7-1　军事指挥中的计算机

在现代战争中，重要城市、交通枢纽、军事设施、工业基地等都会成为战略导弹的袭击目标。战略导弹是具有很大爆炸威力的远程导弹，现在它们又大多具有多弹头功能，而且真假弹头不易分辨。而反导弹系统的雷达预警时间一般仅有十五分钟左右。计算机必须要在这样短的时间内，及时处理完远程雷达测得的大量数据，并从多个真假弹头混杂在一起的目标中，识别出袭来的真弹头，还要算出它飞行的轨道，分配和控制拦截导弹，把敌弹在到达预定地点之前击毁。这个过程的控制，基本上是靠高性能计算机系统自动完成的。

反导弹武器系统，要求使用高速度的大型计算机，并且要求计算机有高度的可靠性，这是不言而喻的。

现代的各种导弹也都装备了计算机控制系统，以提高命中精度。

■ 图 4-7-2　"潜－地"导弹发射

有时，一项大的科学工程的实施需要较长的时间，组织很多人参加。例如，美国耗资巨大的"阿波罗"登月计划，历时 11 年，动员了 42 万人，共有 2 万多家大中小公司、120 所大学和实验室参加。这项计划需要制造、安装和调试 300 多万个零部件，它们在分散承包订货的基础上进行研制和生产。这样大的复杂工程，必须采取"系统工程"的管理技术。由于运用了计算机进行这方面的辅助管理和控制，大大增加了工程质量和进度的周密性、可靠性，因此，"阿波罗"登月计划得以顺利实施，人类终于在 1969 年 7 月 20 日第一次登上了月球。

计算机不仅在系统工程的整体控制上成效显著，而且可以直接协助军事指挥员做好战争的实时协调。现在世界上多数国家的军

■ 图 4-7-3　我国的巡航导弹

■ 图 4-7-4　"阿波罗"登月

队，都装备了各种类型的计算机，用它来实施自动化指挥。计算机在军事指挥上的运用，是第二次世界大战以来作战指挥领域的一场技术大革命。

例如，在海湾战争中，美军从军官到士兵，每人都携带着一部联网的微

型计算机。指挥员利用它能及时得到指挥中心发来的命令和各种有关战场地形、敌方兵力数量、兵器配备及准确位置等的资料，并可以很快把下一步行动的计划传达给每个士兵。士兵则可以从自己携带的计算机上及时领会指挥员的意图，有效地发挥战斗力。

■ 图 4-7-5　美军"陆地勇士"综合头盔子系统

美军军官携带的计算机可以直接通过卫星通信，随时接收上级发来的命令和下级报来的情况，还可以通过卫星与设在美国本土的计算机网络沟通，访问本国的巨大的数据库，取得战场需要的资料。

侦察兵携带的手持式计算机，只有一本普通词典大小。利用它可以随时把侦察到的数据和情报信息发往指挥中心。

还有一种供各种军用车辆和伞兵用的"麦哲伦"式计算机，它的体积更小，只比我们常用的袖珍计算器略厚一点儿，但它却可以利用海湾地区上空的三颗通信卫星进行通信联络。

武器装备的数字化、芯片化是军队现代化的重要标志。但是，计算机在军事上的运用，不仅表现在战场指挥、通信、操纵导弹等高技术的兵器、进行军需后勤管理等方面，它还可以是帮助最高军事当局做出正确的战略决策的"高级参谋"。

■ 图 4-7-6　数字化的现代武器装备

当今世界大国的重大军事行动方案，都是预先运用计算机设计好，并存储在计算机里的。一旦遇到战争危机，只要把这些方案从计算机里调出，再根据具体情况作一些修改，就可以迅速形成几个完善的军事方案。实际上，早在 1990 年 6 ～ 7 月间，即伊拉克入侵科威特之前，美国的施瓦茨科普夫将军就在他的司令部内，用计算机对海湾危机进行了模拟演习，假设伊拉克入侵邻国的话，美国出兵海湾会遇到什么问题，该如何去应对。

知道了这些，我们对美国军事当局在伊拉克军队入侵科威特的第二天就拿出了几套可供选择的军事行动方案，就一点儿也不会感到奇怪了。

从近几年大国参与的几场地区军事冲突的特点和有关方面的快速反应可以看出，虽然它们对于实质性的开战可能并不都是"蓄谋已久"的，但毫无疑问都是"有备而来"的。

（八）书海寻珍

科学技术的迅速发展和社会经济规模的日益扩大，使情报资料的数量急剧增加，有人把它称为"信息爆炸"。据统计，全世界每年出版书籍近百万种，有关技术性的杂志和出版物近 10 万种，公开发表的文献就更多了。

从浩如烟海的科技文献中，找出我们所需要的信息是一件十分困难的事情。有人估计，要把世界上一年内发表的某一个专业的论文和著作通通浏览一遍，假设一个专家每周花 48 个小时，至少也要浏览 40 年。采用人工查找资料的方法，既费时、又不易查全。为了使人们能从大量科学情报中迅速找到需要的资料，就必须实现计算机文献检索。

目前在我国，用计算机进行情报检索，也已经形成了完整的自动化系统，它包括了编目自动化、检索自动化、外借管理自动化、图书资料的数字化和缩微化、情报中心网络化等方面。

用电子计算机进行资料检索，一分钟可以检索几千篇文献资料，一个小时就能查阅几十个专业的全部资料的索引，这样高的效率是以前用手工检索方式不可能实现的。

用计算机进行图书文献检索的过程是：在图书资料中心设立计算

■ 图 4-8-1　国家图书馆报刊阅览大屏幕

机情报资料自动检索系统，先对所有文献资料进行目录和索引编排，做出摘要，然后存储到计算机中。当读者通过终端提出需要某一方面的资料时，只要给出某个条件，如书名、作者名、出版时间等，几分钟内计算机就可显示出有关方面的几十、几百篇文献目录。它还可以根据读者要求，显示或打印出文献资料的部分或者全部内容。

■ 图 4-8-2　国家图书馆图书检索系统　■ 图 4-8-3　电子图书——《中国大百科全书》

凭手工在浩如烟海的文献中查找资料，可谓"大海捞针"，不容易找到。有了计算机，没有科学方法，光凭计算机的高速也还是不行。就和编字典的方法相似，我们必须把所有的文献资料按一定规律，如作者姓名、书名、出版社、出版日期等编排目录，通过索引，把表述文献特征的数据（信息）按一定规律存放到计算机中，这样才能使读者像查字典那样，很快自动查找到有关资料。数字图书馆建设的最基础工作之一就是建立相关的数据库与检索系统，因特网上的网络搜索引擎采用的也是这个方法。

在这里，我们介绍一下数字图书馆的概念。

分布在世界各国的大大小小的图书馆中存放着大量的书刊，这些以纸张形式保存的信息是人类几千年文明和智慧的结晶。随着科学技术，特别是计算机存储技术的发展，这些厚厚的书刊将用电子化（数字化）的形式保存起来，通过计算机网络就可以使全国乃至全球共享这些知识财富。目前，世界上许多著名的图书馆已经连入因特网，读者不必为查询和获取某一本书而跑到各个图书馆去翻卡片，在因特网上可以查询各个联网图书馆的馆藏情况，可以通过网络预约借阅图书，甚至可以下载部分图书资料的电子（数字）版来阅读。

大约 10 年前，中国的汉王公司推出了一种叫作"电纸书"的阅读器，它一次充电，在开机状态可待机 15 天以上，不用天天充电。这款产品与手机阅读相比，其特点在于它在阳光照射下不反光，还能做到屏幕无闪烁、180 度可阅读视角，用户使用起来更加方便。

当时的汉王电纸书提供了多模式的阅读方式，实现了模拟真实书籍的虚拟翻页技术。其整机质量仅 165 克，轻巧便携；可放置在上衣口袋中随时随地阅读。内置的 1 GB 容量 SD 卡可以存储大约 5 亿字符的文件，而且随机赠送数以千计的电子图书，颇受大家青睐。当时，它的主要问题是价格偏高，在一定程度上妨碍它的普及。现在，平板电脑和大屏幕手机把电纸书的大部分功能吸收进去，把当年的"阳春白雪"普及到了"下里巴人"。我们现在在公共交通工具上随处可见"低头族"，不过大家阅读的内容却是五花八门，包括电子书、新闻、朋友圈，当然也有很多人在玩游戏、听音乐。

随着图书数字化出版的兴盛和电子书的出现，曾经有人预言，纸质书籍将会很快消失。10 年过去了，纸质书籍并没有消失，反而是电纸书的势头颇有些没落。这里面的原因当然不是几句话能够说得清楚的，但是传统出版物的魅力和带给人的感觉，恐怕无法被一两件近乎完美的新技术产品轻易替代。

■ 图 4-8-4　当年汉王高大上的电纸书

所以，电纸书也出现了改进版，增加了更多实用的新功能，改进了人们以前不甚满意的地方，于是又重新获得一部分人的追捧。如科大讯飞的智能办公本电纸书，就增加了听写记录、录音转文字、语音识别和翻译等功能。使用最新的电纸书科技产品，你会发现，它改进了书写感觉和屏幕亮度，使屏幕更加贴近看纸质书的感觉，使手写笔在触摸屏幕上书写的感觉接近于使用钢笔在普通纸质练习本上写字的感觉。

当然，即使是最高端的电纸书，不同的人们对于其效果的感觉也是见仁见智，不能一概而论。

从理论上说，现在所有文献都可以通过数字化实现网络共享，但是，出于对知识产权（著作权）的保护，出于对图书资料数字化劳动的补偿要求，有许多资料的阅读和复制，包括公共图书馆在内，不能也不可能做到完全免费。

■ 图 4-8-5　智能办公本电纸书

（九）"超算棋手"战胜世界冠军

1997 年，计算机领域的重要新闻之一，就是美国 IBM 公司的超级计算机"深蓝"战胜了国际象棋世界冠军卡斯帕罗夫。

虽然有人预言过这一天终会到来，但大多数人没有料到它会来得这样快。

早在 1959 年，美国工程师塞缪尔就在 IBM-704 计算机上编制过一套下棋程序。在下棋时，他本人输给了机器。1962 年，安装了改进程序的计算机竟然战胜了美国一个州的棋赛冠军罗伯尼莱。这件事也曾轰动一时。

■ 图 4-9-1　人机对弈的经典时刻：世界冠军的对手执行的
是计算机思考后的指令

到 20 世纪 90 年代初，科学家开始预测说：在 20 世纪末，计算机将有可能挑战人类世界级的棋手。在当时，这个预言被不少人当作一句笑谈。但是，科学家在不断提高的计算机技术的基础上，悄悄地做着自己的努力。

1997 年 5 月 11 日，石破天惊的消息传来：IBM 公司当时制造的超级计算机"深蓝"（Deep Blue）在国际象棋的"人机大战"中以二胜一负三平的成绩战胜了国际特级大师、国际象棋世界冠军卡斯帕罗夫。这条新闻轰动了世界，一时报刊纷纷报道并评论了这场"人机世纪大战"。

顺便提一句，"深蓝"的项目负责人谭宗仁和主设计人许峰雄都是华裔科学家。

设计一个计算机程序，使它成为下棋能手，这不仅仅是计算机科学家和工程师感兴趣的研究课题，它同样引起了其他领域专家的密切关注。

下棋，在数学上称为"博弈"，它可以把双方的思考、计划行为用数学方法来描述，以寻找最优的应对策略。这种数字化的思考与应对方式刚好与计算机处理问题的方法相同。由于下象棋每走一步棋都可以有多种多样的选择，所以设计下棋程序时，就需要确立一种选择标准。通常的做法是参照名家下棋的棋谱，作为走下一步棋的依据。

要让计算机会下棋，就需要事先把下棋的规则用算法语言编成程序，存储在计算机里。现在具有"自学习"功能的下棋程序，能把过去的棋局和着法记录下来，在下棋过程中，计算机还会自己"学习"，从对手的着法中吸取长处，积累经验，不断提高棋艺水平。

要把计算机训练成为一个好的"棋手"，并不是一件容易的事儿。因为，它一方面要求计算机的运算速度要快，如"深蓝"内置了 32 个每秒可以运算 2 亿次的处理器，据说它可以在 3 分钟内计算出 500 亿至 1000 亿步棋；另一方面，要求计算机的存储容量要足够大，据说"深蓝"的棋谱数据库中存储了 10 亿个大师级的棋谱。这样的速度和存储量，

■ 图 4-9-2 战胜世界冠军的超级计算机"深蓝"

直到今天，在微型计算机——个人计算机上还是较难做到的。因此，如果有青少年朋友想在自己的计算机上安装一套可以挑战"棋王"水平的计算机程序，至少现在还比较困难。

当然，研制"深蓝"的最终目的不只是为了战胜世界冠军。与世界冠军对局只是展示了这种计算机高速并行运算的能力。它更重要的用途是经济管理和某些重要科研领域的大量数据处理。

图 4-9-3 "深蓝"的程序设计师许峰雄博士

后来，谷歌（Google）公司超级计算机支持的围棋人工智能程序阿尔法狗（AlphaGo）以 5：0 的悬殊比分战胜欧洲职业围棋冠军樊麾，又引起了社会各界的广泛关注。在不少人眼中，人工智能计算机程序在围棋方面战胜人类高手还是出乎意料。

因为所有人都认为，围棋的复杂程度比国际象棋不知高了几个数量级。所以，当"深蓝"战胜了国际象棋顶级大师之后，人们还是觉得，人工智能想要战胜真正的围棋高手还是不可想象的。所以即使欧洲职业围棋冠军惨败于计算机程序，东方的围棋界还是有点不以为然，当时韩国的李世石九段就评价说，从阿尔法狗和樊麾的对局中可以看出阿尔法狗的围棋水平最多只有职业三段的水平。这番话的言下之意自然是阿尔法狗不是他的对手了。

图 4-9-4 阿尔法狗与李世石对弈现场

于是 2016 年，在舆论的一片热炒声中，谷歌顺水推舟地向李世石发起了挑战，并以一百万美元作为对胜利者的奖赏，李世石欣然接受。以当时舆论来看，几乎是一边倒地认为：李世石将以悬殊比分战胜阿尔法狗，他不仅可拿下比赛，而且会金钱名誉双丰收。

然而，当阿尔法狗以4：1大胜李世石时，人们的惊呼中带着几分苦涩——机器又一次战胜了人类一个超强的大脑！

2017年5月，"人机大战"在中国的乌镇再次登场，一方是经验愈加丰富的阿尔法狗升级版，一方是围棋界世界排名第一的中国九段棋手柯洁。柯洁将与阿尔法狗升级版大战三番棋，上演人工智能与人类智慧的王者对决。

其实，不管是阿尔法狗，还是柯洁，参与本次人机大战的意义，在于彼此检验，共同提高。阿尔法狗可以帮助人类棋手挑战自我，而人类棋手可以验证机器的自我学习究竟可以达到何等高度。这是一个互相学习，共同提高的过程，胜负已经不是最重要的了。

结果是，信心满满的柯洁九段以0：3告负。

人工智能对棋类的自我学习，从"穷举法"，即类似人类棋手的"背棋谱"，进化到"深度学习＋自我进化"。依据这个路子，计算机要

■ 图4-9-5　阿尔法狗与柯洁九段对弈示意图

进一步的发展，必须具备"自学习"的功能，要做到能够自己"总结经验"，能在各种场合下，对正在出现的情况进行比较，分析和判断。这就是现在计算机领域的一个热点——"人工智能"。

实现人工智能，不仅要有超级计算机的支撑，还要有先进合理的算法。在这条路上，没有最强，只有更强。人机乌镇之战后，阿尔法狗宣布退出与人类棋手的比赛。但是机器的竞技还在继续。开发阿尔法狗围棋自学习程序的"深脑"（Deepmind）公司在2017年10月推出最强版的阿尔法狗，代号"阿尔法狗元"（AlphaGo Zero）。

阿尔法狗元的独门秘籍，是可以很快"自学成才"。而且是从零基础学习，在短短3天内，就成长为顶级高手。据开发团队说，阿尔法狗元的水平已经超

过之前所有版本的阿尔法狗。在对阵曾赢下韩国棋手李世石那版阿尔法狗时，阿尔法狗元取得了 100 ：0 这样令人难以置信的压倒性的战绩。

实际上，围棋程序可能只是离我们较近的一种应用。目前"人工智能"应用的主要领域，如图像和人脸识别、语音识别、机器翻译、人机交互、无人驾驶、虚拟现实等都在加速进行技术研究。

2017 年 7 月，国务院印发《新一代人工智能发展规划》，明确提出要完善人工智能教育体系，建设人工智能学科，在中小学阶段设置人工智能相关课程。

（十）"说得出"与"听得懂"

计算机不仅能进行高速运算，处理大量的数据，而且也具有一定的逻辑推理、判断能力。通过编制特定的程序，计算机可以用来进行定理的证明与模式的识别。

长期以来，计算机的信息主要是通过键盘、纸带、卡片、磁带及磁盘进行录入与存储，而在日常生活中，人们是通过语音、文字或图片来表达、传送信息。为了使计算机更加"人性化"，探讨计算机输入语音、文字和图片的新方法，就成为科学家们研究的重要课题。

非特定人语音合成和语音识别技术的研究与应用是计算机智能化的重要标志之一。它的目标就是使计算机能够准确识别人类的语言、语音，并且对它产生特定的反应。它们是计算机多媒体技术中最尖端的领域之一。

■ 图 4-10-1　计算机语音输入

用计算机进行人的声音的合成，可以让机器发出和某一个人音调相同的声音。方法是，由计算机先对人的声音进行采样，然后用频谱分析的方法，把人的声音进行分解，再由机器进行合成，并发出与某一个人的发音、声调相同的声音来。这已经不是原声音的录音，它可以任意组合，说出不同的内容的话。例如现在的手机语音导航系统，就可以根据特定的语音元素，模仿出不同主持人或著名演员的声音。根据这个原理，人们也在研究如何让计算机听懂不同地域的人说的不同民族语言或方言，并且在这方面已经取得了很大的进展。

语音合成技术的应用是使计算机能"说话"，而语音识别技术的应用就是要使计算机能"听"懂不同语言不同口音的人说的话。目前，这方面的研究已经有了很大的进展，而且取得了很多可喜成果。

■ 图 4-10-2　可以"听话""读短信"的手机

在 1997 年初，清华大学光盘国家工程研究中心制作的教学软件《大嘴英语》就已经应用了清华大学这项技术当时的研究成果，为语言教学提供了一个全新的模式。后来，应用了类似技术的教学软件也不断被推出。

现在，网络上已经有几款能够在计算机上读出英语、汉语文章的阅读软件，听起来感觉已经很流利，没有断断续续的情况。而且，有的厂商已经把它移植为手机上的 APP（应用程序），使智能手机能够为我们朗读网页上的唐诗宋词，甚至大篇文章，可以减少人们长期低头看屏对身体的损害。

语音识别系统的意义还在于，用人类最常用的交流方式"说话"替代了烦琐的键盘输入和扫描输入，缩短了计算机与一般用户的距离，使计算机更加"人性化"，为人类与计算机的直接对话交流创造了前提条件。许多软件公司研发新一代触摸互动式操作界面与语言识别功能一样，都是为简化计算机操作所做的积极努力。

语音合成与语音识别技术的最新成果，就是准确率已经高达 98％的计算机智能语言翻译系统。

2015 年 7 月 19 日，在第 19 届 RoboCup 机器人世界杯开幕式上，中

■ 图 4-10-3　比尔·盖茨在体验触摸操作式计算机

国翻译机器人"飞飞"大出风头，它不仅担任了安徽合肥市市长的英文翻译，又做了机器人世界杯国际联合会主席的中文翻译。"飞飞"流利的翻译、准确的发音，以及丰富的肢体动作和表情，获得在场观众好评。

"飞飞"身高30厘米，白色身体、红色头顶，不仅能进行英译汉，还能汉译英。

■ 图4-10-4 中国翻译机器人"飞飞"

虽然当时安徽国际会展中心有来自47个国家的机器人，但因为"飞飞"给市长和野田先生当同声传译，就成为2015机器人世界杯大赛开幕式现场的当红大明星。

机器人"飞飞"是由科大讯飞公司研制的，是讯飞"超脑计划"的一个阶段性成果。

"实践反复告诉我们，关键核心技术是要不来、买不来、讨不来的。"科大讯飞董事长刘庆峰表示，习近平总书记在全国两院院士大会的讲话，让讯飞人备感振奋，19年前，科大讯飞在创业之初就立志"中文语音要由中国人做到最好，中文语音产业要掌握在我们自己手中"。

如果说计算机的发明是人类迈入信息化社会的标志，那么，语音合成与识别技术的发展就应该是计算机应用步入智能化的划时代的开端。

■ 图4-10-5 科大讯飞创始人董事长刘庆峰

（十一）感受"虚拟世界"

虚拟现实技术是计算机人工智能的另一个课题。"虚拟现实"一词是从英文"Virtual Reality"翻译过来的。它是指通过计算机等最新技术成果把还不存在的事物用各种技术手段虚拟制作成好像真实存在的一样。人们通过这种技术，可以感受"另一个世界"。

■ 图4-11-1　影片《侏罗纪公园》中复活的恐龙

狭义的计算机虚拟现实是由人们在20世纪50年代发明的飞行模拟器演化而来的。广义的虚拟现实的例子更是不胜枚举，如好莱坞大片中惯用的计算机特技合成就可以算是它比较普遍的一种应用。例如，在影片《真实的谎言》中，那个导弹拖着人飞行的情景，在现实中是不可能发生的，那是利用计算机特技制作的惊险镜头；在影片《阿甘正传》中，导演只用了1000名群众演员表演反战示威，然后用计算机把它复制虚拟成了5万多人的示威场景。同样的手段在银幕上"复活"了亿万年前已经灭绝的恐龙、展现了降灾祸于人间的龙卷风，以及科学幻想中的许多场景。

■ 图4-11-2　影片虚拟灾难场景和《星球大战》中的星际飞船

然而这些远不是真正意义上的虚拟现实，现在的一些十分逼真的三维游戏也算不上。真正的虚拟现实有着更高的层次。

虚拟现实是直接将人投入到虚拟的三维空间中去，与交互的环境融为一体。在这个虚构的世界中，人可以自由地运动，观看风景；在这个环境中，人们甚至可以捡起一块石头去攻击敌人，而事实是你还是站在原地，你的手中依然空空如也。它不像传统的人机交互界面那样，把银幕与观众，显示屏与用户分割成两个独立的主体。

人们要想进入虚拟的世界，必须借助一些辅助的电子装置才能实现。目前已开发出来的设备：在视觉方面有头盔式立体显示器；在听觉方面有三维音响输出装置；在力度感觉、触觉、运动感方面有数据手套、数据衣等；还有一些语音识别、眼球运动检测的装置。在不久的将来，人们还会开发出虚拟的味觉、嗅觉系统。到那时，虚拟现实就会显得更加真实了。

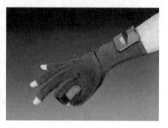

■ 图 4-11-3　进入虚拟世界的触觉装置——数据手套

虚拟现实技术是需要借助于一些设备的。目前，最重要的装置就是头盔式立体显示器，它实际上是一个带有特殊透镜的眼镜显示器，它把每只眼睛的焦点集中到眼镜显示器上，通过头部跟踪传感器来判断头部运动的方向。当你把头转向右侧时，眼镜显示器显示的景象就在右侧的远方，当你抬起头时，则又显示虚拟的上方的景象。眼镜显示器可以快速判断人的运动方位，显示与之相对应的景象，让人产生错觉，好像这一切都是自己感觉到的真实环境。

■ 图 4-11-4　进入虚拟世界的视觉装置——立体眼镜显示器

不仅飞行训练可以仿真，操作坦克、军舰，甚至大规模的军事演习都可以模拟。美国军队较早开发了"防御仿真网络"，可以把自己的全球军事力量联合起来进行网络仿真战争，如进行坦克战、导弹战等。在海湾战争中，美军就曾经利用这一系统，进行过实战模拟。虚拟战争演练有助于在实战开始前认识到自己的一些不足之处，从而改进作战计划。

图 4-11-5　训练飞行员的飞行模拟器

图 4-11-6　飞行模拟器内的情景

在军事上，虚拟现实技术可以用来仿真军事演习和各种武器装备的训练；在医疗方面，虚拟现实技术可以逼真地预演各种手术过程；在建筑领域，利用虚拟现实技术可以在设计阶段就身临其境地看一看未来的住宅结构和内部装修，把修改做在设计阶段，可以节省大量的人力、物力。

美国的科学家也曾经利用超级计算机模拟宇宙生成过程，甚至描绘出了一幅形象的"月亮诞生图"。事情是这样的：

2008 年夏天，美国科罗拉多大学的科学家用计算机模拟的方法，验证了那个著名的假说：45 亿年前行星曾经撞击地球，才形成了如今的月球。他们以假定有大行星参与天体碰撞为前提，共进行了 27 次碰撞模拟实验。每次模拟碰撞产生的碎片在 1000 到 2700 块之间，宽度约 6 千米。它们在一年或更短的时间内聚积成团，形成了我们今天看到的月亮。更让科学家们感到惊奇的是，在三分之一的模拟撞击中，那些产生的碎片最初形成了两个小月亮，然后逐步合并为现在的一个月亮。

以后各国科学家利用超级计算机，继续就地球与月球的形成和演变，以及小行星撞击地球可能带来的危害等，进行了多次不同条件的模拟和预测。

在医学方面，德国西门子公司较早研制的一种"虚拟内窥镜"，为医生和医科大学的学生们提供了仿真练习的手段。它还可以利用 CT 扫描提供的资料建立病人器官的计算机模型，医生用鼠标模拟操作的方法就可以在计算机屏幕上进行相关手术的演练。现在，类似的虚拟手术已经成为培训外科医生的重要手段。

让学生通过分解虚拟人体来学习人体解剖、掌握外科手术的技能，已经成为世界上一些医科大学的教学实验方法。现在，计算机模拟在医学方面不仅有在缝合血管等小手术方面的应用——它的虚拟现实技术基础是虚拟人的局部器官，而且在泌尿、肝胆、心肺、神经外科等方面的教学与实习中也有了越来越广泛的应用。而虚拟人体是计算机虚拟现实在医学领域的尖端技术，我国已经在这方面取得重要进展。

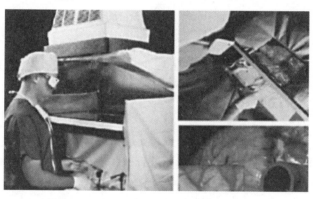

■ 图 4-11-7　利用虚拟人体进行缝合血管手术实习

使用虚拟人进行手术实习，将来会比解剖尸体更有效、更经济。医生在进行一项新的疑难手术前，也可以先虚拟一下手术过程。

由于计算机虚拟现实技术有以上的优势，所以它正在成为科学家和工程师的重要工具，它成了科学研究与实验工作的重要支柱。一些危险性极大或耗资过高的实验不可能在现场进行，这时，计算机虚拟实验就有了用武之地。现在，超级计算机的虚拟现实世界几乎能够以假乱真，像原子弹爆炸、空间黑洞、宇宙中的银河系、未来的气候变化，一切都可以在屏幕的方寸之间得到生动展示。

（十二）指纹识别、指纹密码与"扫"入文字

指纹是指手指末端正面皮肤上凸凹不平的纹路，尽管指纹只是人体皮肤的一小部分，但是，它蕴含着大量的信息，这些纹路在图案、断点和交点上是各不相同的，在信息处理中将它们称作"特征"。医学上已经证明这些特征对于每个手指都是不同的，而且这些特征具有唯一性和永久性，因此我们就可以把一个人同他的指纹对应起来，通过把他的指纹特征和在数据库里边的指纹特征进行比对，就可以验证他的真实身份。

用计算机进行指纹识别，属于图像识别技术的一个分支。由于人的指纹具有终身不变、可以进行分类识别的特点，指纹识别很早就被公安机关用于刑事侦查，后来也被用于鉴别人的身份的一些场合。

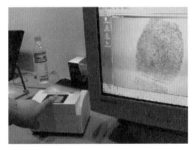

■ 图 4-12-1　指纹识别安检系统

20 世纪至 21 世纪初，不少国家存有相当多的犯罪指纹档案，仅英国的指纹鉴定机构每年就受理十余万起案件。据统计，英国通过指纹鉴定查出的案犯数量占侦破案件总数的 26%。

要利用计算机进行指纹识别，就必须事先采集指纹，建立起指纹数据库，把采集到的各类人员的指纹建档建库后，将其转换成计算机可以比较鉴别的图形文件索引数据库系统，存储到计算机系统中去，然后通过相关的计算机联网比对系统，就可以实时应用、缉查犯罪嫌疑人了。

由于指纹的唯一性特征，近年来，计算机和手机相继推出"指纹锁"加密解密功能，极大提高了信息技术产品的安全性和易用性。在家居领域，有些

公司推出更加安全的指纹锁。这些产品的共同特点是，里面都有一个指纹识别的芯片，它们的工作过程就是通过特定的算法程序对使用人的即时指纹和存储在芯片中的指纹图像进行比对识别。当然，如果您的智能家居有物联网功能，也可以通过手机进行指纹解锁。

■ 图 4-12-2 联想笔记本电脑和华为手机的指纹识别装置

在全球各种类型的恐怖主义活动日渐严重的今天，各国都把研究和使用这项技术作为一项重要的安全防范措施。

指纹样本的采集、存档的工作量很大。而且，用指纹来辅助破案要求较高。一旦需要，识别速度要快。计算机的高速运算和大容量存储的特点正符合自动对照、分析、判别的要求，这是计算机利用指纹识别来破案的基本条件。

■ 图 4-12-3 家居指纹智能锁

现在档案文书工作中常用的 OCR，又叫光学文字识别系统，我们前面已经简要介绍过。严格说来，它与计算机指纹识别属于同一种技术。不过它们的目的不同：指纹识别多用于公安部门办案取证与存档留查等方面；而 OCR 则是为了减轻文字资料整理与归档频繁重复的文字输入劳动，用来取得更高的办公效率。

现在已经在民航、铁路成熟应用的"人脸识别技术＋身份证比对"系统，从本质上讲，也是同类的图像识别技术。当然，它比起指纹识别、OCR 技术，需要更强大的计算机软硬件系统的支持。它们在强大的计算机系统的支持下，使我们的旅行生活更加高效，更加安全。

■ 图 4-12-4　汉字 OCR 识别界面

（十三）巡天遥看一千河

"遥望齐州九点烟，一泓海水杯中泻"，这是唐代诗人李贺的诗句。他在想象腾空飞上九霄后，遥看地面和大海的情景。有一位现代科学家说，读李贺的诗，感到诗人似乎曾经乘坐过宇宙飞船、从太空观赏过地球。

"坐地日行八万里，巡天遥看一千河"，毛泽东的浪漫诗句则是有现代科学背景的。因为人人每天都在随着地球"日行八万里"——地球的地壳表面周长约 4 万千米，也就是 8 万华里，地球自转一圈就是一天。但是，"日行八万里"是被动的，"行"也得行，"不行"也得行，而"巡天遥看一千河"就可以从主动与被动两个方面去解释了。人自然可以在被动的"日行八万里"时仰天观看天上的银河，更可以主动地在宇宙飞船上俯瞰地球上的"一千河"。诗人抒情式的想象是恢宏的。

通过飞机或卫星从高空观测地面，获得有关资料进行分析，就是现代的遥感技术。它对于调查国土资源、加强国防都有着重要的用途。例如，装在飞机上的遥感器可以从 20 千米的高空观测地面上的情况，一张照片可拍摄 30 平方千米的地面。我国建设的高分辨率对地观测系统，更是把地球看得越来

■ 图 4-13-1　用气象卫星观察地球

越清晰。2013 年发射的高分 1 号卫星只需 4 天就能把地球完整看一遍，2014 年发射的高分 2 号卫星使中国民用遥感卫星进入亚米级分辨率时代，2015 年发射的世界首颗地球同步轨道高分辨率遥感卫星高分 4 号可为地球拍摄宽视角大片。而近期发射的高分 7 号卫星，更是可以为地球表面绘制高分辨率立体图像。一颗卫星一天可以拍摄 180 多张图片，每隔 18 天就能把整个地球拍摄一遍。航空航天遥感的大量图片信息都需要用电子计算机进行分析判读，这种分析装置叫作图像识别装置。

人类为了解地球表面的资源，进而有效地加以利用，所以才尝试发射地球资源卫星，发展遥感技术。自从 1972 年世界上第一颗地球资源卫星进入轨道以来，人类就开始利用卫星进行自然资源的普查。

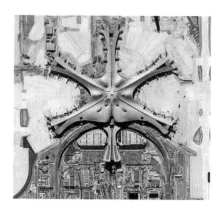

■ 图 4-13-2　高分 6 号卫星于 2019 年 1 月 15 日拍摄的图像

遥感技术可以用来识别耕地面积、农作物灌溉和施肥情况，调查可垦荒地、森林资源、陆地的草场、海洋渔场的面积；也可以用来勘探石油、钾盐、铜、铀、地热资源；还可以用来监测海水油污、森林火灾、病虫害、洪水、台风等自然灾害。遥感技术能够采用比对的方法，对所选择地区的目标加以判断和识别，可以用来侦察机场、导弹基地、核武器试验场等军事设施和目标，可以用来侦察敌方军队部署情况和军事上的动向。

现在的技术手段，已经能够在几百千米的高空识别地面 1 平方米以下的目标。在卫星上安装新型的探测雷达，还可以不受云层和大气变化的干扰，把地面目标看得清清楚楚。在整个遥感系统中，卫星航测相当于人的眼睛，计算机的分析相当于人的大脑，它既是地面和地下资源的侦察兵，又是国防前线的监视哨。

美国的第五代照相侦察卫星叫作"锁眼号"，卫星上装有固体摄像机，采用数字传输方式，以多种方式进行自动化处理。在海湾战争时，即时监控伊拉克军队调动的就是"锁眼号"。这一代卫星为什么叫"锁眼"？据说，这是因为用它观测地面的效果，就如同通过锁眼看屋内的情景一样清晰。

遥感内容的分析如果是用于气象预报或者做军事用途，就需要及时处理大

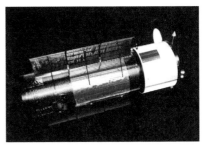

图4-13-3 美国的"锁眼号"卫星

图4-13-4 SR-71型超级侦察机

量遥感图片，必须采用大型高速电子计算机，因为这种运算的工作量是极大的。

安装在侦察机上的侦察与地形测绘雷达，用于侦察地面、海面的指定活动或固定目标，并且测绘地形。它采用一种"合成孔径天线"与计算机处理系统相结合，所以具有很高的分辨率。它获得的地形图像的清晰度已经接近了光学摄影。

据说，美国的SR-71型超级侦察机，从25千米高空拍摄的地面照片，可以看出地面机械师脸上没有剃净的胡须根。虽然这个说法可能有些夸张，但也说明今天科学的"千里眼"已发展到了一个很高的水平。这种飞机每小时飞行3405千米，飞行速度比子弹还快，所以它不可能在飞行拍摄的同时，同步辨认地面的情况。但是，既然是军事侦察，就必须及时处理、分析航拍的照片。在这一步的工作中，就又是计算机唱主角了。

近年来，谷歌的"数字地球"引起了不少青少年的兴趣。数字地球就是使用超级计算机把商用卫星的图像进行了拼合整合，通过它，你甚至可以找到

你家的楼宇或小院。现在全球卫星导航系统（包括美国的 GPS，我国的"北斗"）的精度已经达到米级以下。据专家预测，不久的将来，在移动通信的 5G 网络下，自动汽车导航的精度可以达到厘米级！怎么样？很震撼吧！

（十四）解决数学难题

1976 年夏天，美国伊利诺伊州立大学的数学家阿沛尔和哈肯提出报告说，他们已经在电子计算机上解决了 125 年来数学中一个著名难题——四色问题。这件事在世界数学界引起了巨大的反响。

所谓四色问题，就是对于平面或球面的任何地图，要求相邻的国家或者地区不用同一种颜色着色，一幅地图最多只需要四种颜色。事实上，有的地图用两三种颜色就足够了。问题是，会不会有什么地图，需要超过四种颜色。

早在 1840 年，数学家莫别乌斯发表论文，提出把这个猜想归纳为拓扑学上的四色定理。1852 年弗·格思里正式提出了四色问题。要解决这个问题是相当困难的，很多人尝试过，数学家们探索了一百多年，仍然没有能够解决这个问题。

阿沛尔和哈肯在认真分析了四色问题后，认为要证明这个问题并不是不可能的，只是证明的步骤、程序相当复杂。预计，这个证明过程需要做出 200 亿个逻辑判定！这样巨大的计算量，用人工方法是无法完成的，一个人用一辈子的时间对此也无能为力。于是，他们精心编制了计算程序，然后由高速电子计算机去处理这些数据。最后，在三台不同的电子计算机上用了 1200 多个小时的机器时间，最终用"穷举法"解决了四色问题。当时就有科学家指出，他们主要的贡献不仅仅在于证明了四色定理，而在于运用电子计算机完成了人没有能够解决的问题。更重要的是，他们为数学的研究开辟了新的途径。用电子计算机代替人的部分脑力劳动，把重复性的演算交给电子

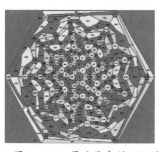

■ 图 4-14-1 最难染色的 341 域 Haken-Appel 图

计算机高速处理，对促进科学研究具有重大的意义。

我国著名数学家吴文俊是我国唯一两次获得国家科学最高奖的数学家，数学与计算机在他的手中相遇，碰撞出了耀眼的火花。他创立的定理机器证明的"吴文俊原理"（国际上称为"吴方法"），实现了初等几何与微分几何定理的机器证明，在这一领域达到了世界先进水平。他的重要创新改变了自动推理研究的面貌，在定理机器证明领域产生了巨大影响。这项研究有重要的实际应用价值，科学界认为，这种方法将引起数学研究方式的变革——推动脑力劳动机械化和数学机械化研究。

■ 图 4-14-2　数学机械化研究的倡导者吴文俊

张景中等科学家也卓有成效地进行了几何定理计算机证明的研究，为计算机与数学研究的结合做出了重要贡献。

（十五）自动控制的方方面面

计算机的一个很重要的特点是能自动进行运算，只要把编好的程序输入计算机，它就会依次取出一条一条的指令逐条执行，完成各种操作。利用这一点，可以实现一些加工制造的自动控制过程，实现产品的自动化加工。

我们先说说计算机在工业自动控制方面的应用。

计算机最先用于工业方面的是化工生产的流程控制。一条化工生产线，往往有几百个控制阀门和上千个变量需要测量和控制，参数变化从几秒到几个小时。用人工控制，是无法实现生产过程自动化的。在生产操作比较复杂的钢铁企业和石油化工部门，由于产品质量受到很多相关因素的影响，用人工方法来控制生产过程是很困难的。如果采用计算机进行巡回检测、自动记录数据、自动报警、直接控制生产过程，就可以实现最佳控制。

再比如，一个有经验的高炉操作工就是一个控制专家，我们可以把他的操作经验和知识都输入到计算机中，由计算机模仿工人的操作，这就等于专家在控制炼铁过程。采用自动控制和专家系统以后，不仅可以降低能源的消耗，还能够大大提高产品质量和产量，显著提高经济效益。

在交通运输领域，如站务、港务的运行控制、信号控制，飞机、船舶的导航等也都大量使用了计算机。

在仪器仪表、机电一体化设备中，广泛应用着单片微型计算机。单片微型计算机在一颗芯片上集成了中央处理器、存储器及输入输出接口等器件，体积小、控制功能强、价格便宜，已经广泛应用于智能化仪表、机电控制和家用电器领域。

数控机床微型计算机化以后，在无人操作的条件下也能测量工件尺寸、检查出次品，还可以进行自我维护。

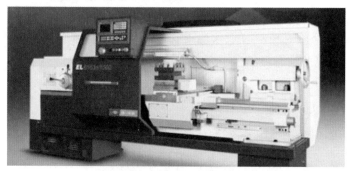

■ 图 4-15-1　数控机床

计算机与传感元件相配合可用于各种计量测量及控制系统中。传感元件可感受温度、压力、气味、湿度等物理量的变化，并把这些物理量转换为电信号，输入给计算机。

传感器类似人的感官，它的作用是获取信息。传感器是信息技术中很重要的方面，现在各国都很重视传感器的研究与生产。

■ 图 4-15-2　传感元件

　　家用电器产品中应用的微型计算机大多是 4 ～ 8 位的单片机。通过下面列举计算机在各种家用电器中的功能，就可以感觉到，计算机就在我们身边，它是无处不在、无时不有的。

　　在电冰箱中，计算机芯片控制着温度的调节与显示、自动除霜、开门报警和冷冻计时。

　　在家用空调机中，通过设置，计算机芯片可以控制并显示室内的温度与湿度，自动调节室内风量，实现 24 小时内的计时及计时显示、压缩机运转的状态显示等。

　　在自动洗衣机中，计算机芯片控制着洗涤、甩干时间，控制和显示洗涤顺序，控制水流强度，还能进行声音报警。负责甩干桶转动脱水时不平衡的自动修正。

■ 图 4-15-3　自动洗衣机的控制面板

　　电视中的计算机负责自动选台与记忆、预约节目、计时显示、频道显示、遥控等。现在，有些厂家已经推出了把电视与显示器等诸多功能合为一体的数字化机器。

　　老式的盒式收录机是由计算机芯片控制着自动选曲、指定歌曲间的重复，显示磁带剩余量，以及控制着磁带计数、24 小时内计时、软接触结构、计时显示。

现在家庭的电视机顶盒的选台、回放、计费等功能都是由其中的计算机芯片进行控制的。

电子传感温控烤箱的计算机芯片不仅可以根据设置控制加热时间、温度和加热速度，还可以控制加工不同食品的工艺流程。

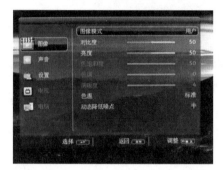

■ 图 4-15-4　电视机的调整菜单

■ 图 4-15-5　自动化工业生产线

（十六）"智能"汽车与"卫星调度"

在一辆现代化的高级汽车上，电子设备的成本已经超过了钢铁。其中的计算机系统，有十几甚至几十个 CPU 控制着汽车的各个子系统。

美国在 20 世纪末生产了一种由计算机控制的汽车，它带有智能无线电、能源控制和信息显示器。而且行驶时，它们能够知道自己的精确位置，随时向驾驶员报告。那时，大家都觉得不可思议。现在，这样的汽车在中国也已经随处可见，而且随着大家对于手机功能的熟悉，人们大多已经有了使用手机"高德地图"或"百度地图"导航的经验，所以对于"卫星定位导航"这个名词也不再陌生。

■ 图 4-16-1　汽车上的卫星定位导航显示器

但是，你见过无人驾驶汽车吗？它在公路上疾驶，如果前面突然有一个人从路旁横穿过来，或者临时发现什么障碍物，汽车能够立即自动刹车。当路人已经穿过，或者其他障碍物移走后，它会继续向前驶去。但是它的车厢中只有乘客，驾驶员的座位上却不见人的踪影。那么，这辆汽车是怎样开动的呢？是谁驾驶着这辆汽车呢？

原来这是一种新型的、由计算机控制的自动汽车，人们又称它为智能汽车。

我们知道，一辆普通的汽车在行驶中会遇到很多复杂情况，要不时地做刹车、启动、加速和转弯等操作，司机始终要密切地注视前方，不能掉以轻心。因而，交通法规禁止司机饮酒、禁止司机在驾驶时聊天。为了保证安全行车，不仅要求汽车本身有良好的性能，而且要求司机有熟练的驾驶技术，敏锐的眼光和充沛的精力。

与过去的那种无线电遥控、只能在特定的条件下执行某些简单的预先安排好动作的无人驾驶汽车不同，智能汽车比较"聪明"和"能干"。它在行驶中可以自动启动、加速，可以自动刹车，也可以自动地绕开一般的障碍物。智能汽车的主要特点是能"随机应变"，在错综复杂的情况下，自动地选取最佳方案来控制和指挥运行。

现代的智能汽车由"眼""脑""脚"三部分构成了一个有机的整体。

智能汽车的"眼"是一套图像识别装置，用来识别障碍物。智能汽车的左前方装了两台摄像机，一上一下，相距 50 厘米。这两台摄像机，不断扫描前方的道路空间，两台摄像机的光轴在规定的距离上相交，形成重叠的影像。

每一部摄像机都把前方空间的影像，转换成一个视频信号。例如，前方如果有障碍物，前方不同距离上的明暗就不同，通过摄像机就产生了一个相应的分布不同的电信号。

为什么要用两部摄像机呢？这是因为，如果智能汽车只装一部摄像机，就

■ 图 4-16-2　无人驾驶的智能汽车

会把高大建筑物、树木的阴影也认作障碍物。而且，一部摄像机只能接收到一个方向的视频信号，区别不了平面或立体的情况。对于高大建筑物或树木的阴影，由于两部摄像机的高度不同，所产生的电信号也不同。两部摄像机配合使用，就能在前后和上下两个方向识别阴影的变化，分清到底是阴影还是障碍物。

智能汽车识别道路图主要是判别明暗变化斑点，辨别它们是立体还是平面。因为只有立体的分布，才有可能是障碍物。判定障碍物的工作需要即时进行信息处理。

智能汽车的"眼"，能"看"清前方5米至20米或者更远些的物体。在"看"的过程中，如果前方有障碍物，就发出电脉冲；没有障碍物，就不发出电脉冲。

汽车的图像识别装置在不断获得信息的同时，还要随时做出判断：是继续开下去，还是要停下来或是后退、减速、转弯？这些都要根据实际情况，选择最适当的下一个动作。这个任务是由智能汽车的"脑"——计算机来完成的。

计算机必须能够很快从汽车"看"到的信息中，求出操舵角、速度、加速或减速的控制值。如果一项一项地计算这些参数，就比较费时，不能满足汽车快速应变的要求。为此，设计人员采取了一个巧妙的办法：预先对各种情况给予充分的估计，将最佳的操纵参数输入计算机的存储器。在行车过程中，利用计算机的检索功能就可以用"对号入座"的办法，快捷地找到最佳控制值。

■ 图 4-16-3　清华大学研制的智能汽车

汽车在行驶时，必须遵守交通规则，服从交通警察、红绿灯和其他指示标的指挥。因此，智能汽车的"大脑"还必须具有接收、存储、处理这方面信息的能力。

普通汽车上由人的手脚控制的开关，在智能汽车上都改为由电信号控制的自动开关。汽车的转向器、节流阀、制动器等，也都要改由电信号控制、操纵。

目前智能汽车转角的操纵范围，可以达到120度，时速为0～120千米。智能汽车可以根据事先的安排，遵循指定的路线把乘客送往预定的目的地。在行车时，它可以转弯，也能超车，在异常情况下还会紧急刹车。

目前智能汽车的发展已接近实用，但只有在一系列问题，如阴雨天和夜间安全行车等进一步解决之后，才能够达到真正实用阶段。尽管如此，智能汽车的出现已经引起了人们的高度重视。实际上，一部智能汽车就是一部可行走的载人载货的机器人。假如有一天，智能汽车得到大普及，它们就有可能变成计算机交通系统中的一个个可移动的智能终端。到那时，成千上万辆汽车都可以由统一的交通管理中心实现准确控制，交通混乱和堵塞现象也许就会彻底解决了。

■ 图 4-16-4 进入路网试运营的百度无人驾驶汽车

现在，国内大中型城市的出租汽车公司已经在近年来采用了卫星定位车辆自动调度系统。使用这个系统，调度中心只需要5秒即可完成一次调度。它的有效调度范围包括整个移动通信覆盖的区域。整个系统采用交互调度、计算机配对，可以应客户要求迅速派遣位置最近的车辆到用户需要用车的地点，解决了对讲机调车时的无线电噪音和调派不公平等问题。另外，由于出租车系统采用了电子地图，车内隐蔽的报警装置直接与110报警电话联网，所以，调度中心可以随时掌握车辆的异常情况，监控车辆所在的具体地点和流向，使出租车司机的安全得到了更好的保障。

百度董事长兼CEO李彦宏称，百度无人驾驶客车已在2018年量产。据了解，百度的这种无人车从外观上看，不仅没有方向盘、没有刹车、没有油门，甚至没有驾驶座。笔者今年初夏在雄安新区看到了在道路上行驶的这种车辆。

此前，百度与金龙客车合作生产的全国首辆商用级无人驾驶微循环电动车"阿波龙"，已在厦门完成实地道路测试。百度无人驾驶客车试运营初期主要在封闭景区使用，限速在每小时 20 ～ 40 千米区间运行。

随着移动互联网即将进入 5G 时代，我们期待着智能化的无人驾驶汽车逐渐替代有人驾驶汽车，它从理论上可以大大改善甚至消除城市的交通拥堵。虽然无人驾驶汽车大规模普及上路，还有许多可预知和不可预知的技术问题需要解决，且这个过程注定不会一帆风顺，但毕竟是我们可以看得到结果的一种美好愿景。

（十七）电子"名医"

计算机可以模拟人类专家的逻辑思维功能，解决各种实际问题。在人工智能领域内，目前研究得比较多而且已经达到实用化的就是不同领域的"专家系统"。

目前，世界上已经有成百上千种具有人工智能的专家系统，这些系统不仅可以代替处理某些特定类型的问题，有的时候甚至做得比人还要好。例如，一个成熟的医疗专家系统，可以把名医的许多治疗经验和推理思辨过程存入计算机的知识库中，用来给病人诊断疾病，提出医疗方案，开出药方。

专家系统的使用方法是与使用者通过计算机进行对话，它向使用者提出不同问题，从使用者那儿取得处理问题所需要的信息，并能够根据不同的信息提出解决问题的不同方法。

图 4-17-1 最早参与开发中医专家系统的关幼波教授和他的获奖证书

一个专家系统必须有一个专家所具有的知识库。这个知识库是由计算机程序设计员设计的。方法是，与某一方面的专家交谈，提出问题，记下专家的思路和解决方法，构造出一个知识库。我们把这个过程叫作知识工程。在大专家系统中，这些知识是以 500 个以上的"如果……则……"的方式表达的。

专家系统提供的越来越多的证据，说明计算机可以模拟人的思维，处理知识问题。目前适合于处理知识的计算机语言有 LISP 和 PROLOG。

名医的经验是人类的宝贵财富，医疗专家系统以计算机应诊的形式应用知识，使专家的作用能够得到最大限度的发挥。例如，著名老中医关幼波教授治疗肝病的经验，就已经成功地"传授"给了计算机。

这个中医辩证医疗系统叫作《对肝炎的保证施治电子计算机程序》，它根据关大夫多年的医疗经验，把肝病分成了 8 个主型，36 个亚型，针对病人不同的症状，可以开出不同的处方。这个计算机专家系统可以为不同的患者提供约 19 亿个处方。现在有了这个系统，只要一名经过中医基本训练的普通医务人员，就可以像关大夫本人那样为肝病患者进行诊治。当病人的症状、化验指标输入计算机后，专家系统就立即开始工作。十几秒钟后，对特定病人的诊断、处方、计价、开假条和编制病历档案等工作就全部完成了。经统计，这个专家系统处方的正确率达到 97.7%，当年曾经获得北京市科学技术成果一等奖。

电子计算机用于辅助医疗，除专家系统外，还有许多方面，如心电图分析、CT、核磁共振以及模拟医疗等。另外，计算机用于医院管理，不仅可以大大提高工作效率与工作质量，还可以提高诊疗工作的透明度，保障社会的公平与和谐。把它用于医疗监护，可以提高医疗护理的质量和水平。

例如在住院病房里，可以利用电子计算机与各种仪器相结合，自动地监护危重病人，医护人员在办公室就能随时掌握病人的病情，便于及时治疗和抢救。

计算机作为医疗诊断的辅助手段，是 20 世纪医学科学发展取得的重大成就之一。现在中国的一线城市的许多医院已经做到医疗检查的互联互认，既减少了医疗资源的重复浪费，也降低了病人的诊疗费用。据说国外一些医院的自动诊疗（咨询）系统，其诊断开药方的水平已经达到甲级医院专家的平均水平以上。我们相信，计算机与医院医生科研人员的合作，在 21 世纪必将取得更多成果，为人类健康做出更大贡献。

（十八）机器人的"大脑"

机器人是计算机向人工智能方向发展的产物。目前，第一代工业机器人已得到广泛应用，第二代具有某些感觉装置的机器人正在各领域中被使用，第三代智能机器人已经开始大量涌现。

智能机器人的"大脑"就是计算机。计算机的存储器中存放着程序和资料，使得它能够在实践过程中不断积累经验和增长才干。智能机器人的"眼睛"是摄像机，通过计算机的图像识别装置把扫描的信号进行分类，辨认出所识别的目标是什么。它的"耳朵"实际上就是一个话筒或一台录音机，用来采集声音信号。它的"嘴巴"是一只扬声器，可以用来发音或说话。因为有了以上的装置和功能，所以智能机器人就能够"看"得见，"听"得着，会"思考"，能"说话"了。不仅如此，智能翻译机器人现在已经达到一般同声传译的水平，前面已经有介绍，此处不赘述。

■ 图 4-18-1　会讲话的机器人娃娃　　　　　■ 图 4-18-2　与智能机器人对话

　　智能机器人能够进行各种活动是靠"手"和"脚"的运动。"手"是有触觉和力感的机械手，"脚"是可移动的装置。"手"和"脚"的活动由运动控制部件负责，而运动控制部件听从"大脑"——计算机的命令。

　　对于机器人来说，电源是它的心脏，电流是它的血液。至于机器人身上需要安放什么装置，这完全取决于工作任务的需要。例如，需要它"闻"得出气味，就要为它装上"鼻子"，实际上就是一台气体分析仪或其他分析气味的装置。例如，科学家们研制出一种"电子鼻"（半导体气敏电阻），它能灵敏地测量出有毒和可燃气体的含量，使人们预防一氧化碳等有毒气体和可燃气体的爆炸燃烧。把它安装在机器人身上，它就可以执行这方面相关的任务。

　　应该说，智能机器人现在的研制还是处在探索阶段，有很多理论和实际问题需要进一步解决，科学家和工程师正在这方面进行不懈的努力。例如，在自然语言的理解方面，现在的智能机器人已经可以用汉语或者英语与人进行简单的对话。在一些试验系统中，可以使机器人用自然语言接受人的命令和回答问题，并进行人机对话。

　　20 世纪 90 年代时，美国贝尔实验室就已经研制出一种能在有限基础上理解和讲英语的装置，计算机可以发出 6 万个模仿人的声调的词汇。现在，这方面又有了相当的进展。

　　机器人是帮助人类进行各种工作的高效工具。古代人类的许多幻想，今天已通过机器人变成现实。所不同的是，今天人们更多的是着眼于机器人本身的内部性能、作用和使用价值，至于它的外形是否像人倒是次要的，它穿不穿"衣服"更是无关紧要。

■ 图 4-18-3　乐队指挥机器人

那么，我们应当怎样看待机器人呢？

应该认识到，机器人不同于一般的机器装置，它的运动受计算机控制，并且具有一些模拟思维的活动，因此机器人是智能和智力的工具。计算机可以看成是思维的工具，能帮助人进行一定的思维活动，而且更快、更精细，可以完成单凭人工无法完成的课题和任务。但是，计算机永远代替不了人的全部思维，因为计算机是由人来设计并制造的，人是计算机的主人。

人工智能的研究，使得机器人有可能代替人的大量脑力劳动。在军事上，有的国家已经研制出机器人战士，在战争的某些场合，它们会起到人所不能的作用。譬如，可以使用机器人进行扫雷排爆。

在科研方面，机器人的作用更加令人瞩目。现在，人们已经利用智能机器人先后进行过多次深海和外太空的探索。

（十九）设计制造一条龙
—— CAD/CAM 技术

电子计算机配备上计算机辅助设计软件，就可以成为工程师得心应手的设计工具，这是计算机应用的一个重要方面。人们把这方面应

■ 图 4-19-1　工程技术人员在进行 CAD 设计

用称为计算机辅助设计，简称CAD（Computer Aided Design）工程。

　　生产一种产品或者完成一项工程，设计工作往往占用了很多时间。例如，研制新型发动机或建造高层楼房，都要先进行设计，绘制各种图纸，然后再根据图纸进行施工。工程设计的工作量是很大的，在这方面，计算机可以大显身手。

　　机械加工和建筑设计的制图工作，都是生产中非常重要的环节。如果用手工描绘一个物体的形状和尺寸，通常要画出正视图、俯视图、侧视

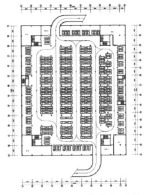

■ 图 4-19-2 　计算机设计的地下车库建筑平面图

图，即直角坐标系中三个方向上的投影。对于复杂和不容易表示清楚的部分，还经常需要加注剖面图或者画立体图，这些都是很费时费工的。如果要修订一些设计缺陷，需要改动图纸，仅重新画图就需要很长的时间。

　　采用计算机辅助设计，就可以免去设计人员的许多烦恼。由于计算机能存储成千上万个数据，所以它不仅能够描绘极其复杂的图形，包括三维图形，还可以把以前的工作存储在计算机中。一旦需要修改，只要把这个图形文件调出，稍做调整就可以了。而且，在一些 CAD 软件环境下，只要建好立体模型，选择不同的坐标原点，就能在显示器上看到所设计的物体，不管是建筑物、还是机械零件的不同方向和角度的投影图。还可以根据已设计好的立体图，得到任何一个方向上的平面（投影）图。

　　在一些工程设计软件环境下，我们可以使计算机显示的图形在 360 度范围内任意投影。只要每秒钟连续投影十次以上，我们就可以看到一个迅速旋转的动态画面，这就是"三维动画"。AutoCAD、3DS、3DMAX 等软件都具有"三维动画"功能。

　　设计人员可以坐在显示器前商讨设计方案，观察任意方向上的效果图。当然，把图形放大、缩小或转动任意角度都是轻而易举的。例如，我们甚至可以像走近它们内部一样，观察高层建筑里面某一层楼某个房间某一方向上的设计效果、观察一台发动机里任一位置的剖面。发现问题，就可以随时使用键盘

和鼠标修改设计。

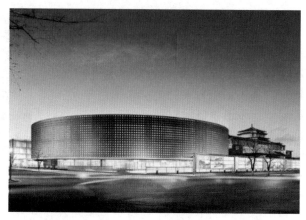

■ 图 4-19-3　计算机设计的建筑外观效果图

■ 图 4-19-4　计算机设计的建筑物内装修效果图

　　现在,计算机辅助设计已经广泛用于机械、建筑、航空和造船等许多部门。

　　在机械制造行业中,计算机辅助设计（CAD）和计算机辅助制造（CAM）结合在一起,用计算机控制机床的加工过程,这样就把设计与加工制造结合在一起,实现了整个生产过程的自动化。

　　现在,用计算机设计、制造计算机也早已经不是幻想。

　　当前,世界已经开始了以计算机为中心的新的技术革命。计算机正在向社会经济与生活的各个方面渗透。设计和制造计算机本身，也早已用上了计算机辅助设计技术。

图 4-19-5　一种数控机床的外观

例如，著名的英特尔公司生产的最新微处理器，每片内都集成了几千万乃至数亿个晶体管，如果不用计算机来进行设计、不用计算机来控制生产过程，那是根本不可想象的。又如，日本富士通公司的自动化计算机生产线，从设计新产品到制造、检查成品，全部过程由一连串的自动化系统来进行，这个自动化系统整个都是由计算机控制的。

数控机床是一种用计算机来控制整个加工过程的、多用途的高精度机床。它能根据加工需要，自动更换刀具，自动进行车、镗、铣、刨……进行复杂型面的零部件加工，而且加工精度极高。它已经成为工业现代化的重要标志。

数控机床是如何实现自动加工的呢？基本过程是这样的：

20 世纪七八十年代的时候，数控机床在开始加工前，设计人员首先要根据描述零部件的几何型面的数学公式或者型面的坐标参数，编写出加工程序。然后，把加工程序用穿孔机凿成穿孔纸带的形式，穿孔纸带通过机床的光电输入机，把上面的程序信息转变为计算机能够接收的电信号指令。这时，计算机就根据这些指令控制整个生产过程。数控机床可以随时计算出刀具运动的轨迹，控制刀具的运动，进而完成高精度的复杂型面的加工。它还可以在刀具自然磨损时补偿进给量，或根据需要来控制刀具的更换。

而现在的数控机床一般都配置了一台工业控制计算机，编写、输入程序的过程也大大简化了。虽然用穿孔纸带输入程序的老办法在某些机床上还保留着，但人们更多的是用键盘或用手点按触摸屏完成这项操作。现在，先进的CAD/CAM 系统能够使计算机辅助设计与辅助制造相结合，可以实现从设计到加工全过程的自动化。只要设计人员完成了产品设计，计算机就会形成特定的数控机床的加工程序，设计的图纸直接转换为自动机床的控制程序。只要把零件固定在机床的工作台上，数控机床就会加工出高精度的机械零部件产品。

采用计算机控制的数控机床进行机械加工，不仅可以缩短生产周期，保证产品质量，而且能大大提高生产效率，减轻人的劳动强度。它代表着一个国家的工业现代化水平。

■ 图 4-19-6　数控机床的微型机控制部分　　■ 图 4-19-7　数控机床在进行金属雕刻

一台计算机控制的数控机床，可以充当几台不同类型的普通机床来使用，它可以根据设计方案自动进行车、铣、钻、镗等多种加工，而且加工精度是普通机床不能比的。十几年前，高精度数控机床在我国还是凤毛麟角，只有少数科研单位和大企业拥有。但现在，随着我国现代化进程的进展，已经有越来越多的企业正在装备这种"新式武器"。

（二十）计算机裁缝的量体裁衣与制作

随着人民生活水平的不断提高，人们已经有条件美化自己和周围的生活环境了。不管男女老少，恐怕都想穿点儿美观、大方、合体、最适合自己身份的服装。因为"爱美之心，人皆有之"嘛。以前那种"灰、绿、蓝"建设服、中山装一统天下的局面是再也不会出现了。

由于人们的性别不同、身份不同、年龄不同、身材肤色各异，审美情趣也有千差万别，对于服装的要求必然是各不相同的。今天，越来越多的人主张服装个性化，不再喜欢穿和别人同样花色、相同款式的服装。但这样一来，服装设计师就忙得不可开交了。怎样使服装设计与生产满足市场这种不同品位且不断变化的需求呢？答案是：用计算机！

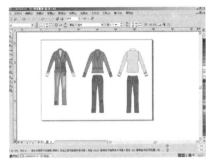

■ 图 4-20-1 计算机服装设计程序界面

■ 4-20-2 计算机服装设计效果图

首先，用计算机可以收集和整理社会上的需求信息。不同人群提出的要求，如服装的花色、款式、面料、尺寸及销售情况都可以收集、整理并存储到计算机中。其次，计算机根据这些数据，可以协助管理者安排设计与生产。计算机不但可以进行服装设计，还可以控制自动化的机器进行放样排料、裁剪，做到最大限度地利用布料。

■ 图 4-20-3 计算机 CAD/CAM 自动服装剪裁设备

既然三维设计和机械加工的辅助制造都可以由计算机控制实现，二维的服装剪裁的计算机控制当然就更不在话下。

不仅如此，现在的服装设计与制造系统还有模拟试衣的功能。使用这个功能，客户本人可以直接看到自己换穿各种款式、花色服装的效果。

2019 年的"智博会"上，礼嘉智慧体验园内的一款智能穿衣镜显得智慧十足。顾客只要轻点触摸屏，即可试穿新衣。站在这面镜子前面，通过测量肩宽、腰围等特定人体数据，它很快会搭配出一套合身的衣服，并可以一键购买。

而且现在隔着屏幕也能触摸衣料的手感了。吉林大学研发的一款与智能穿衣镜配套的静电力触觉再现多媒体终端，能够还原人们对特定衣服面料等物品的触觉感受。这样女士们就不用再担心款式与面料手感等她们关心的一些细节问题了。

■ 图 4-20-4　计算机试装模拟

现在，许多城市的街头和风景点流行一种"电脑画像"的服务。不少人觉得它很新奇。其实，这种服务对计算机的功能说来是太简单了。计算机画像的设备也不多：一台低档计算机、一个低档摄像头和一台打印机。摄像头摄入人像，计算机通过专用软件把人像数字化，再通过打印机把这个数字图像复制到手

■ 图 4-20-5　计算机娱乐性自拍

帕或背心上。这和打印机打印文件没有什么两样。

有些发达国家的企业，他们甚至能根据用户要求很快就设计生产出具有不同外观、不同尺寸规格的汽车和自行车。如果没有计算机辅助设计与制造系统，这是绝对做不到的。

（二十一）"无纸化"还是"数字化"

办公自动化，英文称为"Office Automation"，简称"OA"。实现办公自动化的意义并不亚于数据处理和自动控制，它是计算机应用的又一个重要方面。

最初，人们对于办公自动化的认识仅限于计算机与打印机、复印机的配置与应用。后来，人们逐渐认识到，办公自动化的内容绝不是简单的"计算机打字加复印"。随着计算机网络技术的成熟与普及，世界范围内已经开始了行

政管理、经营管理领域的一场革命，而且不仅限于技术层面。它对于减少办公环节、提高办公效率有重大的意义。世界各国政府与企业都高度重视这项工作，高效率的计算机网络化办公环境正在全球范围内普及。

有人把办公自动化的目标定为"无纸化办公"。但实际上，目前的办公完全不用纸张是绝不可能的。所以，有的专家又建议把"无纸办公"修正为"数字化办公"。

目前办公自动化的主要方式，是通过计算机网络把一个大的部门或企业的经营管理、行政管理等联成一个整体，使计算机网络与各类工作人员的工作形成一个有机系统。除了有保密要求或有权限的内容以外，所有联网的计算机或终端都能共享整个系统的资源，每个工作人员都可以根据自己的目的和要求，在终端机上及时进行信息加工和信息处理。

应该强调的是，进行信息处理和利用信息资源的当事人应该是办公室所有人员。我们说的办公室是广义的，它包含了与信息采集、传输、加工有关的空间和时间。

例如，各高等院校已经建成的"数字化办公系统"都依托校园网，由学校的网络信息中心具体负责校级的信息发布和信息收集工作。各院系有专、兼职的系统管理员，每天早晨开机即可上网检索校内新的信息。学校行政管理机构基本上也不再下发书面文件和通知。有问题、建议，也可以从网上直接反馈给有关部门。

由于现在的计算机已经具备了以前多种设备的功能，仅联网使用共同的办公软件，就取代了原来的电子文件处理机、事务处理机、信函机和信息传视系统。利用网络，还可以取代耗资巨大的电视会议系统及传真机、电传打字机，而且可以实现可视电话的功能。

文字处理工作的重要性就不用

图 4-21-1 北京市人民政府的网上信息平台

151

说了，现在的任何一台计算机完成这些任务早已绰绰有余。

　　计算机网络会议系统，可以用计算机系统连接各地、各级政府部门，也可以实现跨国、跨省企业总公司与事务机关、分公司，通过各个计算机的终端召开会议，这样不仅可以节省大量出差经费，也可以大大节约人员往来的时间。更加重要的是，许多问题可以得到前所未有的迅速解决。在网络会议上、各种形式的多媒体演示都可以成功实现，许多以前靠电话、电报、传真说不清楚的问题至此已经迎刃而解。

图 4-21-2 计算机网络会议分会场实时画面与会议系统示意图

　　现在的办公自动化系统大多是由计算机局域网络与因特网相结合而组成的。在这个网络范围内，每个办公室都装有联网的计算机或办公终端，科学研究人员的家里也可以安装局域网终端。

　　电子邮件是办公自动化系统对外传输信息和接收外部信息的主要手段。使用者只要把准备发送的文件，通过终端送入系统，系统就可以按照指定的要求传输给接收人，从而实现信息的即时传送。但是，在这种办公环境下，所有工作人员都必须养成一个习惯，无论在家里或者在办公室，都要经常去自己的"电子信箱"里查询一下有没有自己的"信件"。这些"信件"可能是一个通知，也可能是同事给你的一封信或者是有关工作进展的一个报告，还可能是上级交给你的一项任务。

　　由于信息传输渠道的畅通，可以大大减少中间环节和公文旅行的时间，信息的上下交流能够十分迅速地实现，从而显著提高工作效率，使经

图 4-21-3 首都科技条件平台页面

营管理工作大大改善。

此外，利用办公自动化系统有助于行政部门精简机构、缩小编制，大大节省行政开支。计算机的使用和信息处理的及时性，会使人浮于事和互相扯皮的情况大大减少。

办公自动化的进一步发展，必然会打破许多人挤在一起办公的方式，实现居家办公一定范围的普及。科研设计部门在这方面可能会走得快一些。其方式就是利用家中联网的计算机或终端，不断获取工作信息，同时及时地与有关人员取得联系、协调工作。实现这样的工作模式，对于开展研究、设计的工作部门来说，也许可以大大提高工作效率。但是，它必然需要人们提高对工作的责任感和自觉性，同时也需要建立相应的制约机制。

办公自动化系统会按优先级别调度资源，对人们使用信息资源会有一定的限制。例如，对于别人专有的信息资源不得侵入等。个人信息资源可按附有密码的名字进行管理。系统可按名字传输"信件"，人们可以很及时地接收到别人发出的信息。但是，任何人不得随意查阅他人的信息，违反规定的查阅将被视为非法或违规行为。

在现代化建设的过程中，时间是一种非常宝贵的资源。赢得了时间，也许就赢得了产品的竞争能力，就赢得了市场。利用办公自动化系统可以有效地争取时间，在工作中赢得主动。

（二十二）告别了"火"与"铅"的出版业

我国在计算机应用方面的一个划时代的突破发生在报刊排版印刷领域。那是1987年，用北大方正激光照排系统印出了世界上第一张整版输出的中文报纸——5月22日的《经济日报》。

在此前后，我国计算机科技不断取得新的进展，在不同领域创出了自己的著名品牌，也开始打出自己的拳头产品。如：长城的0520CH、北大方正（潍坊华光）排版系统，当这些产品在推出时，日本人都感到十分惊奇。因为他们不明白，当时计算机的汉字显示与输入问题是怎样解决的。几年来，他们也一直在花很大力量研究这个问题，但一直没有明显的进展。就在这个时候，我们中国人成功了！

电子印刷、排版系统是计算机应用的重要方面，人们可以把各种文字、图片、材料存储到计算机系统中，建立起文件管理系统。以后根据需要调出这些东西，即可方便地应用在各种不同场合。

■ 图4-22-1　最后一块《经济日报》的铅字版

在计算机出版印刷系统问世前，"火"与"铅"是印刷业的象征。从活字印刷术发明后，除了木活字以外，人们烧制泥活字、铸造铅活字都要使用火，而且泥活字发明后，由于汉字的字数多、笔画复杂等原因，在国内也很少使用。但这个发明对世界文明的发展的确起到了巨大的推动作用。

在近现代使用最广泛的铅字印刷工艺中，从铅活字、纸张到油墨的材料，都含有重金属铅的成分。所以，印刷行业的工人尤其深受火的煎熬和铅的毒害。

北京大学教授王选等科学家在20世纪70年代末和80年代初，在国家有关部门的支持下，针对汉字计算机排版的世界性难题，通过百折不挠、呕心沥血的研发过程，在技术上实现了跨越式的突破，创造出具有国际先进水平的用于报纸和书刊排版印刷的汉字激光照排系统，这项技术现在已经被世界各地的华文报刊广泛采用。这项成果不仅为中国争了光，而且还创造了极为可观的经济效益。

■ 图4-22-2　《经济日报》原圆形铅版

现在的飞腾报刊排版系统和方正书版系统是当初系统的后续升级产品，其功能随着计算机技术的发展又有了极大的提高，能编排各种复杂版面的书刊、报纸及表格，广泛应用在新闻、出版、印刷部门，创造了极高的社会效益与经济效益。

■ 图 4-22-3 当代毕昇——两院院士王选

近年来，由于计算机激光照排技术的成熟和普及，我国的出版、印刷企业绝大多数已经采用计算机排版，改"铅印"为"胶印"，用"光"与"电"代替了"铅"和"火"，实现了编辑排版的自动化。这不仅极大提高了相关工作的效率，对成千上万的排版铸字印刷工人摆脱铅的职业危害来说，也是一件功德无量的好事。

■ 图 4-22-4　现在的照排机

王选因为这项发明，被公认为是对中国印刷出版业的现代化做出最大贡献者之一，被人们赞誉为"当代毕昇""汉字激光照排之父"。

随着计算机走进办公室与家庭，不少作家和科学家开始采用计算机著书立说，在十几年前就曾经出现了一次名为"换笔"的热潮。现在，多数作家与科学家已经把计算机作为日常的写作与科研工具。他们原来进行创作，是一页页地写、一遍遍地改，仅抄写稿件就会耗费大量宝贵的时间。现在，他们有了计算机这个好帮手，可以先把书名、目录存入计算机里面，以后就可以随时把自己收集到的有关资料输入到指定的章、节、段中去，也可以随时把这些资料

■ 图 4-22-5 《史记》研究专家
韩兆琦教授在计算机前工作

■ 图 4-22-6 排版完成后的 PS 软片

调出来，进行补充、修改和整理。

现在，他们通过计算机联网，在家中就可以查询全国以至世界的最新资料。10 年前，使用计算机写作的书稿内容是存储到软磁盘上，一个普通 3.5 英寸磁盘就可以存储约 70 万汉字的信息。但是，这种磁盘的可靠性不是很高。现在，光盘刻录、U 盘和移动硬盘存储成为一般企业和机关保存资料的主要方式。它们的存储容量是以前软盘的上万倍，即使是图文声像并茂的多媒体书稿，也都可以安全无虞地保存起来。同时，单位存储成本也大大降低了。使用计算机写作的最大方便之处是，不但可以放大看细节，还可以随时用打印机把部分或者整本著作稿的内容迅速打印出来。在几十分钟就可打印好一部百万字的著作书稿，而且能够做到图像清晰、文字工整。这个工作如果用手工抄写，一定是既费时，又容易出错的。

书稿的内容经编辑加工后，按指定版式用计算机排好版，然后通过激光照排机印出软片，就可以进行正式制版了。

（二十三）闯进"艺术殿堂"的计算机

用摄像头加上计算机，为人画出黑白或者彩色的图像，对计算机的能力而言，用北京话来说，不过是"一碟小菜"，还远远没有展现它的"艺术才能"。现在，计算机可以在许多艺术领域充当"行家里手"。

例如，它可以充当著名交响乐团的指挥，如美国著名的波士顿乐团就

■ 图 4-23-1 科技馆的机器人乐队

曾经用计算机指挥演奏，并取得了圆满的成功。它还可以用来代替乐队、乐团制作影视音乐。我们可以用一台微型机加上音乐创作软件代替一个乐团的演奏。现在许多影视剧中的音乐就是这样做出来的。如果你不相信，就请注意影视剧的片尾，凡是注明音乐制作为"某某工作室"的，其音响效果一定是出自计算机。

■ 图4-23-2 使用计算机创作的动漫作品

计算机的美术创作软件已经日渐完美。现在，不仅一些美术编辑使用计算机创作美术作品，一部分思想前卫的专业画家也开始对计算机绘画表现出浓厚的兴趣。动漫、卡通这几年风靡一时，其创作已经逐渐形成重要的文化产业。中央美术学院和清华大学美术学院的部分专业已经开设了这方面的课程。中央美术学院和著名计算机公司还联合举办过几次"电脑美术大奖赛"。我们看到过获奖的优秀作品，有一些使用计算机创作的油画风格的人物肖像，效果与真的油画作品看上去相差无几。有兴趣的同学可以到中央美术学院去看一看有关展示。遗憾的是，我们没有能够弄来一幅做我们这本书的插图。

■ 图4-23-3 佳能数码相机3个规格的CMOS与CCD芯片

计算机技术应用到摄影艺术方面，其最突出的成就，就是产生了数字化的照相机——现在一般称之为"数码相机"。为什么我们不叫它"电子相机"呢？这是为了与过去的"电子相机"有所区别。过去的所谓电子相机，它的核心部分如镜头、成像系统都是光学的，只不过是采用了电子测光、测距、闪光和过卷等技术的光学相机。数码相机就不同了，它的核心部分不是感光材料，而是光电转换装置。它可以直接生成供计算机处理的数字图像，也叫电子文件。

最初的数码相机是把照片存储在普通录音磁带上的。20多年前，存储卡价格奇高，曾经出现过使用计算机软磁盘的数码相机，那时，有的数码相机利用普通3英寸软磁盘可存储60张图像，当然，其照片的像素不过100万。但是，由于备用磁盘到处都有，所以人们当时使用起来还不觉得很麻烦。

■ 图4-23-4 使用软磁盘存储图像的早期数码相机

不用胶卷、无须冲扩、可以把结果直接交计算机显示、处理，这是数码相机相对于普通光学相机的基本优势。

■ 图4-23-5 几种不同的数码相机

1998年2月22日，我国记者在日本长野冬季奥运会上，就领教了数码相机创造的新闻报道的最高效率。闭幕式后，记者离开会场用了一小时返回宾馆，一进房间就大吃一惊：一份印着闭幕式大幅彩色照片的报纸已经放在桌子上。照片是冬奥会闭幕时拍摄的，照片上五彩缤纷的焰火可以为证。从摄影、制版到印刷、送报，前后不过一小时。如果照片是用普通相机拍摄的，这时恐怕连照片还没有洗印出来呢。那时，我国的记者们很羡慕日本的同行，因为他们已经装备了这种"新式武器"。

当时，由于数码相机的价格还较高，所以我国新闻单位还没有配备，这种新的摄影采访工具还属于一种"稀罕物"。需要说明的是，当时的所谓数千美元的"高档数码相机"，也不过只有两三百万像素。但是，由于数字化摄影的明显优势，它的前途极其光明。10年以后，在我国，数码相机已经取代了传统光学相机成为摄影记者手中的主要拍摄工具。

例如，在2008年北京奥运会上，各国记者利用手中的数码相机记录下一幅幅异彩纷呈的画面，并将它们通过计算机网络和传统媒体呈现给世界各地的体育爱好者。

■ 图4-23-6 数码相机拍摄的奥运会开幕式画面

到现在，新闻单位已经完全淘汰了胶片照相机。随着数码相机的性价比越来越高，普通百姓的艺术创作积极性被前所未有地调动起来，中国有了最大的摄影群体，也成为世界第一大照相机消费市场，人们的审美水平也得到很大的提高。

然而令人遗憾的是，这些数码相机的核心部件——CCD/CMOS芯片，还远没有实现中国设计与制造……

（二十四）威力强大的"病毒武器"

说起计算机病毒，不少人都吃过它的苦头，人们对它真的是深恶痛绝。自从一个美国学生因为调皮或好奇使它偶然问世后，它的"家族"就开始以几何级数疯狂繁衍。现在它的子孙已经达到百万数量级。

因为计算机病毒能够破坏计算机系统或毁坏计算机中的宝贵数据，造成巨大的经济损失，所以被认为是 20 世纪信息时代到来后的一大公害。正因为如此，研究计算机病毒已经成为一门专门的学问。国内也已经有了几家专门开发防杀计算机病毒软件的著名计算机公司。

在一般人看来，计算机病毒真是"有百害而无一利"了。然而事情总有它的另一方面。据说，发生在 20 世纪 90 年代初的海湾战争中，计算机病毒竟成了一种克敌制胜的武器。

1991 年初，以美国为首的多国部队在海湾地区发动了对伊拉克的一场局部战争，代号是"沙漠风暴"。这是一场震惊世界的高技术战争，许多世界上最先进的兵器在那里纷纷登台亮相，显示了它们的巨大威力。

■ 图 4-24-1　计算机控制的苍蝇机器人

多国部队从 1 月 17 日开始，对伊拉克进行了连续 38 天的空袭后，在 2 月 24 日发动了大规模的地面进攻。在地面进攻中，多国部队出动了 3700 多辆各种型号的坦克，经过 100 多小时的战斗，歼灭和重创了伊拉克军队的 42 个师。

自负的伊拉克一贯将自己的军队比喻为"巴比伦雄狮"，但是，在多国部队先进武器的沉重打击下，伊拉克不得不很快无条件地坐到谈判桌前，结束了这场海湾战争。

海湾战争结束后，人们大多认为那些先进的导弹、战斗机、坦克、舰艇等是这场战争取胜的决定因素。然而，据上海远东出版社《知识百科丛书·兵器大世界》介绍，有一个代号为 AF／91 的计算机病毒在这场战争中发挥了极为重要的作用。据该书作者的讲述，早在海湾战争开战之初，伊拉克这头"巴比伦雄狮"已经被这种计算机病毒害得像得了重感冒，嗅觉失灵、昏昏沉沉。

1990 年 8 月 2 日凌晨 1 时，伊拉克的坦克侵入科威特，拉开了海湾战争的序幕。

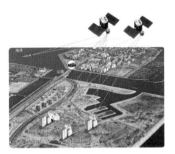 

图 4-24-2　我国"北斗"卫星导航定位示意图

当时，正是中东地区炎热的夏季。往年到了这个季节，驻中东地区的美国官员们都会去避暑胜地休假，躲避热浪的袭击。现在，由于伊拉克入侵科威特，美国驻约旦首都安曼的大使馆取消了休假。

在大使馆二楼的机要通信室里，有几个身穿紧身工作服的美国中央情报局人员，坐在一台台计算机前，手指不停地敲击着键盘或移动着鼠标器。他们的眼睛都紧紧地盯着面前的计算机屏幕，连大气也顾不上喘一口。尽管空调的制冷调节器已经调到了最大一挡，冷风"嗖嗖"地直往外冒，但是，那些操纵着计算机的人紧张得个个满头大汗。

"出来了！出来了！"突然，一声异常兴奋的大叫声，打破了屋里的寂静。

其他几个人不约而同地扭头一看，只见一个名叫霍普斯基的计算机专家正激动地挥舞着胳膊，兴奋地大叫。

大家迅速围到霍普斯基的身边，定睛往他的计算机屏幕上望去，只见蓝色的屏幕上出现了一组组浅绿色的数字。这些中央情报局的专家一看就明白，进入伊拉克国家电信网的密码被破译了，霍普斯基所操纵的计算机找到了联通伊拉克国家通信网的接口。

找到进入伊拉克国家通信网的接口后，他们立刻把大使馆的计算机与伊拉克国家通信网联网，把一种代号为 AF／91 的计算机病毒迅速输入到计算机中。

AF／91 是美国中央情报局的计算机专家专门研制出来的一种病毒程序。这种计算机病毒不仅能够破坏伊拉克军队的信息系统，而且还能用来更改伊拉克军队传递信息的软件。这种有自我变异功能的计算机病毒立刻通过伊拉克国家通信网，渗入到伊拉克情报部门的计算机网络中，使它们的系统功能发生紊乱。顷刻间，伊拉克情报部门和指挥机关的计算机系统因感染病毒而彻底瘫痪。

以后发生的情况就不用多说了……

海湾战争结束后，美国有关部门透露，在多国部队对伊拉克实施"沙漠风暴"行动计划之前，美国已经利用 AF／91 病毒，使伊拉克空军指挥系统的计算机也感染了这种厉害的病毒，伊拉克飞行员已经无法正常驾驶战斗机投入战斗。

因为美国有效地破坏了伊拉克情报系统的网络，致使伊拉克情报机关不得不依靠派遣一些特工人员来刺探多国部队的军事活动，费力费时地收集点滴情报。而伊拉克军队的统帅部则耳不聪、目不明，无法迅速全面地了解前线的战况，也不能有效指挥伊拉克军队抵抗多国部队的猛烈进攻。常言说"知己知彼，百战不殆"。在这种失聪失明的情况下，伊拉克哪有不败之理？

在现代化的战争中，计算机处于越来越重要的地位，它既是军事家们进行战略决策的工具，又是帮助制订作战计划、实施军事指挥的好帮手，还是操纵高技术兵器的必不可少的设施。

然而，任何事物都有它的对立面。计算机问世不久，它的克星"病毒"也就随之产生。任何计算机一旦染上了病毒，就会像发了精神病的人一样神经错乱，不能正常工作。

只要病毒侵入敌方的计算机，就能使敌方的雷达、导弹等武器系统失灵，严重的甚至可以破坏武器设备，或者因命令错误而引起敌方自相残杀。更严重的问题是，世界各国的核武器都是由计算机控制的，如果因为病毒的侵入，造成计算机失灵或程序被改变，核武器就有点火发射或爆炸的危险，这将给人类造成巨大的灾难。

由此科学家预言，在未来战争中，计算机病毒将成为威力最大的武器。在计算机普遍使用的世界上，利用计算机病毒来摧毁一个国家的军事设施、扰乱乃至破坏其经济秩序，将比武装入侵更划算、更有效。

再有，美国每年都要向许多国家出口大量的导弹、战斗机、坦克等高技术兵器，它也不能不考虑，这些自己生产的武器将来会不会用来打自己？据说，为了对付这种可能"搬起石头砸自己的脚"的情况，美国军方计算机专家们研制了一种"微型计算机芯片固化病毒"，它可以嵌入美国出口武器的芯片中。一旦需要，美军可用遥控的方式，将隐藏在敌国兵器芯片中的这种"固化病毒"激活，使对方的武器装备系统失控。

由于计算机病毒已经成为一种新型的克敌制胜的强大武器，在大国军队的自动化指挥系统里，一场计算机病毒大战（信息战）已经悄悄拉开了帷幕。

进入新世纪以来，战争的科技含量越来越高，而人们对于最近几场现代化战争的真实细节却透露甚少，各国对电子战、信息战方面的技术保密都越来越严格，使一般人无从了解其中的奥妙。这也难怪，在事关国家与民族荣辱存亡的问题上，慎之又慎是绝对必要的。

（二十五）胜人一筹的"战略决策"

第二次世界大战结束以后，美国要称霸世界，它要消灭或颠覆苏联等社会主义国家，控制广大中间地区，支配全世界。为此，它制定了军事战略上的"遏制政策"。苏联则奉行一种"以牙还牙"的政策，采取了一系列对抗措施。国际上逐渐形成了北大西洋公约组织和华沙条约组织这两大军事集团互相对峙的局面。这就是所谓的"冷战时期"。

在冷战时期，美、苏两国为了在军事实力上压倒对方，展开了军备竞赛。20世纪60年代，美苏两个超级大国的军备竞赛不断升级，愈演愈烈。

那时，美苏两国都拼命地发展核武器，想在核威慑上保持领先于对方的优势。于是，一个重大的决策问题摆在他们的面前：要取得核优势，关键靠什么？

一般来说，人们凭直觉也会知道：一是核武器的爆炸威力要大；二是战略导弹的命中精度要高。如果你的核武器威力很大，但导弹命中精度差，核武器就会偏离它应该命中的目标，那么，核武器的当量再高，也发挥不了它的应有作用。如果反过来，导弹命中精度很高，但核弹头的威力过小，也达不到预期效果。那么，这两者之间，哪个更重要呢？是把军费优先放在提高核武器的当量上，还是优先投入到提高洲际导弹的命中精度上去呢？

　　对于这个重大的决策性问题，光靠人用脑子去想、去算、去琢磨，既得不出正确结论，细节也很难算清楚。这时，就需要借助计算机来搞清这个问题了。

　　美国的军事运筹专家们通过大型计算机，构造了核爆炸后的毁伤模型。他们发现，当核武器的威力增加 8 倍时，毁伤力可以增加 4 倍；而把命中精度提高 8 倍时，毁伤力却会猛增 64 倍。显而易见，提高核武器的命中精度，就能大大提高毁伤力。也就是说，洲际导弹的命中精度越高，核打击的威力才越大。

　　美国人由于心中有了底，所以在当时的苏联领导人赫鲁晓夫大力吹嘘发展亿万吨级核弹的时候，美国并没有因此而感到紧张。美国暗地里搞清了这个问题，就悄悄把科研力量重点投入到提高战略导弹命中精度的研究上。从此，美国就一直保持着较大的核优势。

　　正是参考了计算机模拟演示的准确数据，导致美国制定了正确的战略决策，最终决定了美国的核武器研究方向，使美国在核军备竞赛中处于领先地位。

（二十六）计算机娱乐的魅力

　　现在计算机娱乐的方式已经是五花八门，各种游戏软件应有尽有，大小游戏机品种齐全，电子游戏厅甚至已经走向了原来的偏僻地区。虽然教育部门、工商管理部门、公安部门以及文化部门都明令禁止中小学学生进电子游戏厅，但收效长期不尽如人意。这除了说明我们的管理方法和措施有待改进外，也从侧面说明了计算机游戏的魅力。

　　本来，用计算机玩玩游戏是很正常的。在某种意义上说，游戏也是开发智力的一种手段。现在游戏软件开发商的生意越做越大，游戏越来越高档、越来越精美就是明证。甚至有些成年人会买个很高级的计算机，专门用来玩电子游戏。

但是，我们在这里要郑重地对青少年朋友提个忠告：玩游戏一定要有节制，千万不要沉溺于计算机娱乐。

图 4-26-1　计算机游戏画面

问题不在于玩电子游戏是否有必要——游戏是儿童的天性，这已是定论。问题在于青少年朋友正处于成长期，相对缺乏自制能力，而一个个的游戏过关又很吸引人。如果没有足够的自制力，就很容易影响正常学习、锻炼身体和参加其他社会活动。青少年如果沉迷于电子游戏之中，就会影响身心的正常发育、影响学业，甚至会毁掉自己的青春。这绝不是危言耸听，而是有许多曾经发生过的惨痛教训。

退一步说，一个整天泡在电子游戏世界里而什么也不顾的孩子，将来会有什么出息呢？计算机有许多值得掌握的东西，电子游戏只应该是调剂学习与生活的一种调料，而任何一种调料绝不应该当作正餐去吃。所以，玩计算机应该全面些，有条件的可以学得深入些，千万不要整天只是玩游戏。家长为孩子花许多血汗钱买个计算机，不能只是把它当成玩具。另一方面，家长对孩子偶尔玩玩游戏也不必过多责备。整天读死书，做大人认为的"正事"，也不大有利于孩子的全面发展。

同样的道理，有条件上网，也要把握好学习、娱乐与休息的"度"，不要成为一条懒散的、事事不关心的"网虫"。庄子说："吾生也有涯，而知也无涯。以有涯随无涯，殆矣。"即使是学知识、学本事，也有主从之分，也有轻重缓急之分，何况是那些没有什么知识含量和实际用途的游戏和"海量"的使人无所适从的东西！所以，我们在国内外光怪陆离的游戏与信息的海洋中，必须谨防被其"淹死"。本来游戏可以调剂生活，增加活力，沉迷其中却会适得其反；上网是要学东西、找资料、长本事，如果不得要领，也会徒然消耗时间，一事无成。

因此，我们建议青少年朋友们，可以在学习计算机方面制订一个计划，有个奋斗目标。或者几个同学成立个兴趣小组，互帮互学、互相督促，真正学到本事，学出水平来。

至于对电子游戏开发企业，我们了解到的情况是，许多企业也希望他们能够多开发一些益智性的游戏、融知识性和趣味性为一体的游戏。这样虽然开发的难度会加大，但对青少年的成长和社会和谐显然是更有好处的。"勿以恶小而为之，勿以善小而不为"，尤其应该成为我们开发乃至进口电子网络游戏的重要原则之一。

寓教于乐的思想，虽然近些年曾经被一些人讥讽过、"批判"过，但我们认为，至少在为青少年创作的各种门类的作品中，这个方向仍然应该坚定不移地贯彻。

（二十七）精彩纷呈的艺术盛宴

北京举办的 2008 年奥运会是一个展示中华民族精神与文化的窗口，其开闭幕式更是取得了举世公认的成功。在这里，计算机和电子技术起到了极其重要的作用。

奇幻的造型，绚烂的色彩，中国元素的展现，离不开地面升降舞台、多媒体、地面 LED 系统、指挥系统、通信系统等技术装备，而北京奥运会开幕式的多种装置都应用了高新技术。其中除了通信系统是引进的以外，其他核心技术全部是拥有自主知识产权的创新技术。其中几十项高新技术涉及多个领域，甚至航天材料也运用到了这届奥运会开幕式上……

画卷展开与 LED 的控制

长 147 米、宽 22 米的巨大画卷，闪烁在空中的奥运五环，开幕式如梦如幻的场景，也是借助于电子技术实现的。看起来转动的美丽画卷其实本身没有旋转，旋转的效果是通过 LED 灯渐次熄灭和点亮来实现的。飘浮在空中的梦幻五环是由 4 万多个 LED 灯组成的。它提早被升上了半空，并在瞬间通过感应元件点亮，因此给观众造成了五环是瞬间出现的错觉——协调它们精确工作的，是一台台计算机，是通过精心编制与调试的计算机软件。

▧ 图 4-27-1　北京奥运会开幕式上画卷展开

保证图案效果的礼花芯片

北京奥运会开幕式的烟火表演给世界留下了深刻印象，如象征奥运会一步步走向北京的 29 个大脚印，从"鸟巢"内壁飞流直下的"星星瀑布"，五环升空，牡丹绽放……

烟火表演的发射点分布在许多地点，如何保证它们在时间上能够紧密配

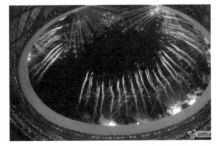

▧ 图 4-27-2　北京奥运会开幕式上高科技礼花绽放

合、组成特定的图案？这里用到了在科技部立项研发的空气发射技术。这项技术利用高压空气和芯片烟花弹，通过芯片控制其起爆的时间，在理论上的时间误差仅有几毫秒。

由科技部立项支持的还有一项烟花项目"微烟烟花"。专家们通过对烟花的配方进行调整，改变了传统使用的原料，大大减少了烟火燃放后的烟尘污染。北京奥运会开幕式上尽管燃放了4万余发烟花弹，所造成的烟尘污染却是近几届奥运会开幕式最少的——这是"绿色奥运"理念的又一生动体现。

奥运会照片即拍即传

随着在北京奥运会上一个个世界纪录被刷新，新华社播发的相关新闻图片也实时传送到了媒体用户手中。这是因为新华社的摄影记者通过中国移动研发的"即拍即传"技术，将拍摄到的照片即时传送到看台上的图片编辑电脑，图片编辑又以最快的速度完成图片新闻的发布。从图片拍摄到完成发布，一般不会超过两分钟。

■ 图4-27-3 数码照片即拍即传

为了展示我国移动通信技术的高新科技水平，中国移动在北京奥运会前推出了一系列科技含量较高的新业务，其中"即拍即传"就是具有代表性的一个。顾名思义，"即拍即传"就是在数码相机拍摄的同时，就可以通过中国移动的无线网络将照片传递出去。其操作过程是，在摄影记者的相机上插一个外置无线模块（那时的数码相机还没有 Wi-Fi 功能哦），就可接入 WLAN（无线局域网）专网。摄影记者手持可以"入网"的数码相机，在按动快门后，就可将捕捉到的精彩画面即时传送到位于媒体看台上的编辑席或者是媒体工作间，再由图片编辑以最快的速度将精彩的瞬间快速展现在读者和观众面前。

在 2008 年北京奥运会上，我国记者 10 年前在长野冬奥会上那种手无数码相机、信息传递手段落后的窘状已经不复存在了。各种有线、无线网络的开通与计算机技术的结合，足以使中国的声音在最短的时间内传播到全世界。

李宁飞天点火炬，"碗边"画面展新图

"鸟巢"的"碗沿"是一个高 14 米、长 500 米的空中环幕。在北京奥运会开幕时，63 台大功率投影机联动而成的 21 组拼接画面浑然天成，各组画面之间平滑过渡，丝毫看不出拼接的痕迹。

更加神奇的是，在李宁飞天点燃火炬的过程中，他手持火炬飞过之处，世界各地传递圣火的画卷在"鸟巢"的"碗沿"上次第展开，一幅完美和谐的图画呈现在 10 万现场观众和全世界数十亿电视观众面前，令人赞叹。

■ 图 4-27-4 "鸟巢"上展开圣火传递的动态画面

为了保证完美的视觉效果，奥运会开闭幕式总数达 140 多台的大功率投影机的画面投影及灯光效果的控制信息由许多功能强大的至强多媒体服务器联机处理，并通过若干灯光控制台进行联动操纵。现代化的计算技术，是"无与伦比"的北京奥运会的坚强技术支撑——计算机内的小小芯片是保证奥运会"精确的精彩"的关键一环。

8 年后的杭州，G20 峰会文艺演出于 2016 年 9 月 4 日晚在西子湖畔进行，一场 50 分钟的交响音乐会《最忆是杭州》，以天为幕、以山为景、以湖为台，在计算机控制下，水、光、乐三者完美融合，《春江花月夜》《梁祝》《天鹅湖》《欢乐颂》，这些中外不同的名曲剧目在西湖上共同演出，如诗、如梦、如画，寓意深远，令人陶醉。以高科技与传统文化结合的形式，向世界传递着人类共通的情感力量，传达着全球融合共处的美好愿景，更传递着中国的文化自信。

■ 图 4-27-5　《春江花月夜》的优美画面

■ 图 4-27-6《天鹅湖》的优美画面

（二十八）解析"计算机算命"

经济与科学技术的发展，迫使现代迷信、歪理邪说也喜欢和"高科技"挂钩，科学的普及使得它们不得不披上"科学"的外衣才能够蒙骗人。例如十几年前，算命的把戏被移植到了计算机上，被称之为"利用高科技预测人的未来"。因此而上当受骗者不在少数——其中甚至有"教授级高工"。

学一点儿科学技术的发展史，了解一点儿计算机编程知识，都有助于打破普通人对高科技的神秘感，也有助于识破和揭露伪科学和现代迷信的新骗术。例如，计算机"算命"软件本质上是一种游戏软件，但在国内某些地区的特定人群中，其负面作用一度相当大，远远超出了"不良游戏"的范畴。由此可知，普及科学知识、弘扬科学精神不仅是长期任务，也永远是当务之急。

我们认为，科学普及的核心在于科学精神的传播和科学态度的养成，提倡事事都要问个"为什么"，都要明白大致的"所以然"，这样就不会有伪科学骗术的容身之地。例如，你如果知道了计算机的基本工作原理，了解了二进制、了解了计算机的程序都是普通人编写的，计算机算命中所谓的"因果关系"可能只是程序员的即兴发挥；知道了这个"高科技的家伙"并不是什么"神秘之物"，离开人的操作它只是一堆"废物"，你还会再相信什么"计算机算命"吗？

例如，从软件编程的过程来看，"算命"软件中的各项信息，应该都存放在数据库中，这些都是程序员一条一条地输入的，如同学生抄写资料一般。而它们之间的"对应关系"，也是计算机编程人员人为设定的：或规定某项原因数据固定指向某项结果，或是几项原因数据随机指向某一项或某几项结果。

实际上，有的程序员做这种"算命软件"不过是为了完成一个老板下达的"工作任务"，就像学生按照老师的要求完成几道作业题一样，他们只是用计算机语言把老板提供的素材和要求组合在一起，制作出一个能够引起人们兴趣的游戏程序。他们自己当然不会相信这些东西，即使偶尔玩一下也不过是为了消遣，同玩 Windows 里面的纸牌、麻将游戏没有什么两样。

老板们当然更不会相信这些东西，他们推出这种软件的目的恐怕只是为了赚钱：赚买这种游戏软件的人的钱，而且是赚得越多越好——不管购买者拿它是去娱乐还是拿它去骗人害人。

从市场的角度看，制造这种软件的应该是企业运营者，玩这种算命游戏的应该是软件终端消费者。然而，在特定的环境——现代迷信抬头的情况下，生产开发者就成了提供骗人工具的源头，一部分使用这种软件的人则转变成了蓄意骗人钱财、败坏社会风气的骗子。于是，有些人认为"内容不大好，玩玩也无妨"的游戏也就演绎成了一幕幕骗人的闹剧。

这种依托"高科技"的现代迷信之所以在一定范围能够唬人，一是宿命思想在当今社会还有市场；二是一些人对价值高、技术含量高的物品非理性的崇拜（拜物崇拜）还存在——中国历代都有所谓"宝物通灵"的传说。计算机在还不是特别普及的时候，作为一种高科技产物，里面的原理和运作又像一个"黑箱"，这也使得一些不懂其原理的人产生敬畏感，一些人在面对用"高科技"包装起来的骗术时，也会因此失去分辨、思考的能力——他们相信高科技产品计算机，导致相信里面的一切东西。但他们可能不知道，即使是又过去了十几年，现在的计算机从原理上说，它还是不"聪明"的，即使是具有一定"人工智能"的计算机，也远远达不到科幻作品中描写的那样"智能化"，因为它"目不识三"，它实质上接触的数字只是"0"和"1"两个类型，它理解的数制是"逢二进一"，它既不认识第三个数，也不认识第三种数。是人通过高级的算法和编写程序，把一串串"0"和"1"赋予了各种意义。计算机本身并不会主动思考什么，更不会去指导人们做什么。就"算命"软件而言，它的"算命"过程不过是按照程序员事先规定的步骤和模式，一步一步地完成信息组合的任务而已。

这种非理性的现象也是各个时期都有的。每当有新的科技成果开始向社会普及时，就会发生类似的问题。在20世纪，不是就曾有人把留声机和收音机称作"见鬼"吗？当摄影术刚发明的时候，不是也有不少人曾怀疑它会摄人心魄、对人有害吗？即使在新中国成立以后，大力破除迷信的时候，当时就有一些老人要拆开"话匣子"来看看，梅兰芳、侯宝林是怎么藏在这么一个小小的盒子里面表演的。随着这些产品普及到每个家庭，这种惶惑和神秘感也就逐渐消失了。当然，关键还在于我们要坚定不移地不断进行科学传播、弘扬科学精神、破除封建迷信乃至现代迷信的长期教育和有效引导，才能提高大众的科学素养，推进精神文明的进步，不给任何骗术以可乘之机。

换一个角度看，我们前面讲到过的医学专家系统的诊病，与这种"算命"软件的结构原理虽然有些类似（都是数据库的应用），但其本质和社会效果截然相反——专家诊断系统集成的是著名医生的经验与智慧，是"悬壶济世"的延伸，是治病救人；而"算命"软件则以利用愚昧去赚钱为出发点，集成了一些迷信思想的糟粕和不负责任的谎言，进而成为骗人谋财的工具。由此看来，软件开发商是做救人济世的事，还是有意无意地去害人，也许就在一念之间。但实际上，这种一念之间的道德约束往往是无力的，因此，政府有关部门有责任从法律上和行政监督方面去坚决杜绝不良"算命"和游戏软件的生产、销售和使用。

至于游戏厅老板，赚钱赢利是他们的开店主旨，但是社会应该积极引导他们寻找"义"与"利"的平衡点。而有效的法律和舆论监督与商人的商业道德的自我约束，是保证游戏开发商、网吧和游戏厅经营者不做危害青少年健康成长之事的一明一暗的两条红线。我们认为，这也是新时期依法治国和以德治国，建设可持续发展的和谐社会不可或缺的重要内容。

（二十九）人脸识别与动植物识别

2019 年 4 月起，中国首条采用 3D 人脸识别闸机的地铁线路济南地铁 1 号线正式开启商业运营。通过刷脸识别，乘客可以在 2 秒内通过闸机，1 分钟内可通过 30 到 40 名乘客。

近年来，计算机人脸识别成为一个热门话题。如酒店宾馆入住登记，民航、铁路的安检，银行取款，甚至电脑、手机开机都已经应用了人脸识别技术。其主要形式，就是用摄像头对我们的面部进行"扫

■ 图 4-29-1 济南地铁站的
"刷脸"闸机

一扫"式的拍照，同留存在公安机关或手机、电脑中的图像进行比对，用以身份验证。

那么，人脸识别技术有什么独特的优点和本领？它会不会存在什么不安全因素？且听我们对此作些简单的介绍。

几年前，人脸识别系统辨识双胞胎的能力就已经超过了被辨识孩子的父母对他们的辨识的能力。2019 年的最新数据显示，全球人脸识别算法的最高水平可以做到千万分之一误报率，相比于去年同期，全球人脸识别性能又提升了 80%。

我国的人脸识别技术居于世界前列。在美国国家标准与技术研究院公布的最新一次全球人脸识别算法测试结果中，我国的依图科技、商汤科技、中国科学院深圳先进技术研究院等名列前茅。

人脸识别的基础，就是每个人面部的独特性和不可复制性。有人会问，同卵双胞胎、多胞胎的长相极其相似，我们用肉眼很难分辨他们，计算机人脸识别系统就能够准确辨别他们吗？

中央电视台近期做了一个实验，他们找来一对双胞胎小朋友，用来测试一部人脸识别门锁（当然不是最高端的系统）的识别本领。结果瞬间分辨的准确率达到 100%。

那么，各种化妆术、易容术能否骗过人脸识别系统呢？实验证明，面对现在先进的人脸识别系统，这些统统瞒不过计算机的慧眼。

据说科学已经证实，人类出现完全相同的两张脸的概率是 640 亿分之一。

图 4-29-2　北京老旧小区的"刷脸"门禁系统

实际上就是说，地球上不可能有特征完全相同的两张脸。

人脸识别的基本步骤：

1. 对人脸进行成像。

2. 在人脸照片上随机获取特征点和特征串。

3. 将本次随机拍摄照片的特征点和特征串与事先存在计算机

数据库内人员照片数据的特征点、特征串进行比对，做出"是"或"否"，或"是谁"的判断。并根据判断决定下一步是否执行开锁放行的命令。

由于使用的安全性得到进一步提升，支付宝、微信支付已经在许多城市把刷脸支付设备投入使用。刷脸支付最大的优势就是便捷，消费者不用拿出任何设备，就可以完成付款。以前使用手机支付平均还需要 11 步操作，刷脸支付只需 1 步就可以完成了。

至于人脸识别是否存在泄露隐私的风险？相关企业人士表示，"刷脸"不会记录、存储用户的身份信息。刷脸时用户不用在线下留存身份信息，相关信息在云端受到最高标准的保护，各站点人员接触不到这些信息，从而确保个人隐私的安全。

■ 图 4-29-3　刷脸支付系统

但有学者表示，由于密码可以更换，但人脸不能更换，因此云端服务器一旦被黑客攻破，人脸识别系统可能会带来严重的安全问题。

时下摄影爱好者非常喜欢的植物花卉识别、鸟类识别等手机 APP，它们的原理与人脸识别是相似的。人们利用这些 APP，可以在拍摄动植物的时候，学习很多科学知识，达到"学而时习之，不亦说乎"的效果。据说它们的识别准确率可以达到 70％以上。

但是，正确使用 APP 很重要，必须什么程序做什么事。有一次笔者使用一款"拍照识花"APP 拍了两张人像，软件就给出了非常搞笑的结论，使一众摄影爱好者捧腹大笑。由此可见，计算机的智能是人赋予它的，南辕北辙的分类就会导致不知所云的结果。一些大众软件的"智能"还比较有限，有待于提高。

■ 图 4-29-4　鸟类识别 APP 界面

■ 图 4-29-5　植物花卉识别 APP 界面

　　这些半娱乐性的手机学习类 APP，其功能和可靠性与国家倾力打造，并已经进入实用阶段的事关人民生命财产的安全验证系统相比，当然不可同日而语，这也是可以理解。但它们处在不断改进和提高当中，这也是毫无疑义的。

五、通五洲、联万家的互联网

（一）互联网———"网"打尽天下

　　网络就是计算机，计算机无"网"则不能"胜"。这已经被越来越多的人所理解。因为单个的计算机不管功能多么强大，它的存储容量和计算功能都是有限的。而且，如果不上网，高级计算机的能力也得不到充分的发挥。开发计算机潜力的最有效的办法，就是"内""外"结合。"内"就是一台台独立的个人计算机。当然，现在还要包括通过移动通信网上网的智能手机。"外"就是其他的计算机和广联四海的计算机国际互联网络。当然，不同部门和单位的计算机局域网络目前还是介于这两者之间的一种不可缺少的形式。

　　什么叫"计算机网络"？简单地说，就是把放在不同地方的许多台计算机，用通信设备和线路连接起来，使它们能够相互共用硬件、软件和各种信息资源。

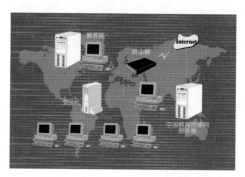

■ 图 5-1-1　遍布五洲的计算机网络

　　早期，人们必须到颇有些神秘感的机房里才能使用电子计算机。后来终端设备出现了，从此用户可以不进入机房，通过安装在别的办公室的终端设备就可以使用计算机了。终端机可以看作是计算机主机部分的延伸。一台主机可以带十几台甚至几十台、数百台终端机。这就是所谓的"多用户系统"。后来，人们又把整个计算机系统进行了延伸，使它功能得到前所未有的增强，这就是建立了计算机网络。

　　所谓"终端机"，是指通过线路与计算机主机或服务器相连的输入输出设备。在以前，一般的终端机只是一台显示设备和一个键盘的组合。现在，一台终端机大多是一台联网的个人计算机。例如，各学校计算机教室的终端机一般就有这样两种情况。终端机以联机的方式工作，它可以把信息输入系统或从系统读入信息。如果我们把个人计算机作为终端，由于它本身带有微处理器（CPU/MPU），就具有一定的独立处理信息的能力，功能就比单纯的终端机强得多。

计算机网络是计算机技术与通信技术相结合的产物，它是通过数据通信线路把多台计算机，包括不同型号和不同类型的大、中、小型计算机互相连接而形成的系统，既可以实现过程的信息处理，也可以共享系统的资源。互联网中的计算机在地理上是广为分布的。

不同型号的计算机联网要经过网卡来连接。网卡是一种数据交换装置，它可以把一台计算机的信息转换成另一台计算机能够接收的形式。

在 20 世纪八九十年代，世界范围跨国、跨洲的计算机网络就已经建成并交付使用，当时，欧洲一些国家可以在白天通过计算机网络访问处于夜间的美国的计算机系统，这曾经被看作是一种创造性的奇迹。现在，这种应用已经遍及世界的各个角落。

计算机网络的建立，可以使拥有小型计算机的部门，通过网络来使用大型计算机的资源；可以使个人计算机用户通过网络使用其他的计算机系统的资源。计算机网络扩大了计算机的应用范围和计算能力，使计算机应用深入到社会的各个领域。

20 世纪 90 年代末，我国开发应用微型机局域网络形成了一次高潮。利用局域网，可以在小至一座大楼，大至方圆几千米的地区实现数据共享、管理控制和办公自动化。

现在，计算机网络的发展和普及，使计算机技术成为现代通信的重要手段。在 20 世

■ 图 5-1-2 网卡

纪末到 20 世纪初开始的新技术革命的浪潮中，计算机、通信和软件是三大技术要素，而计算机网络正是这三大技术相结合的产物。随着计算机网络的推广使用，现代人类生活已经发生了深刻的变化。当前，大数据、智能化、移动互联网和云计算，已经成为技术创新的基础平台。

家庭与社会的各个领域有千丝万缕的联系。以往的社会交往方式会浪费很多宝贵的时间。利用计算机网络，人们在家里就可以了解天下大事，并能互相通信、进行各种工作。计算机通信技术的发展，也使信息交换技术出现新的飞跃。现在，人们已经广泛地使用光纤传输数据、声音、图像。在新的技术条件下，一根光纤能在几分钟甚至更短的时间内把一个中小型图书馆收藏的数万册书的内容传输到几千千米之外的地方。人们相信，随着光电传输技术的进一步发展，将能够用一根光纤每秒传输一亿本书的信息。下一代互联网与网格技术、云计算成熟应用后，生活在地球上的每一个人，都将可以拥有一个藏书两千万册的电子图书馆。现在，我们早已经实现了通过卫星的计算机网络连接与通信。更加安全的量子通信也已经取得了重要进展。

由于计算机互联网的迅速发展，人类的许多幻想，在今天已经变成了现实，或即将成为现实。

（二）小小寰球"地球村"

20 多年前，"互联网"是计算机领域的一个极其热门的话题。那时，互联网激起了人们空前的热情，使人们认识到，计算机的功能不仅仅是计算，计算机的正确名称应该叫作"信息处理器"。国外有人称"计算机就是网络"，如果仅仅从计算机的计算功能来说，这个提法就不好理解。但如果换个角度，从信息处理的功能来看，它就百分之百正确了。因为个人计算机只有与更多的计算机信息源连接起来，才能获得并及时处理更多的有用和"无用"的信息。

20 世纪 90 年代，人与计算机之间的接口技术进一步完善，各种软硬件新技术的出现，尤其是多媒体和网络技术的发展使计算机的应用更加广泛。图5-2-1 所示为湖北省交管中心向青少年开放，网络的魅力吸引着无数青少年。

图 5-2-1　网络的魅力吸引着无数青少年

万维网（WWW）的出现使得计算机通信更容易实现，网络用户甚至不需要知道通信对方的主机使用什么样的操作系统，甚至可以不用知道对方的主机在哪个国家、哪个城市、在互联网上是什么地址。即使是对计算机所知不多的普通用户，只要进入一个已知的信息站点，就可以随着网上的导航系统（也叫"搜索引擎"）在"蜘蛛网"一样的信息站点之间穿梭，查询和获取多媒体形式的信息。万维网的发明使得早期局限于研究领域的互联网真正走向了世界，走进千家万户。

正是由于网络操作变得如此简单，你只要点点鼠标按钮，就可通过计算机去"周游"世界、与世界交流。

美国前总统尼克松读了毛泽东主席的《满江红》词"小小寰球"后，很钦佩毛主席的伟大气魄。那时，虽然飞机、卫星、导弹都已经出现了，但浩渺的大海、茫茫的原野、巍巍的高山仍然使人敬畏。现在，地球上有了涵盖世界的高速计算机网络，生活在各地的人们就好像不再是远隔千山万水，而像是同住在一个村落之内了。因此，当歌手刘欢与布莱曼在北京奥运会开幕式上唱起"我和你，心连心，同住地球村……"时，不同肤色的人都备感亲切，因为互联网已经大大缩短了人们之间的地域乃至心灵间的距离。

广袤无垠的大地，浩瀚无边的大海，现在都不能隔断人们随时的信息交流，五洲四海突然变成了一个拥挤的"地球村"，这怎么能不使人怦然心动呢？正因为如此，才有越来越多的人加入互联网。

图 5-2-2　万维网协议的发明者蒂姆·伯纳斯-李

（三）"互联网"的由来

国际互联网，从其草创至今已经有了将近 40 年的历史，它经历了军用试验研究网络、教育和科研的学术性网络和商业化网络等几个不同的历史发展阶段。

军事网络——阿帕网 ARPAnet

互联网的前身是 ARPAnet，它是美苏对抗的产物。1957 年，苏联发射了世界上第一颗人造地球卫星。后来美苏双方都了有足以毁灭对方的战略核武库。美国为了在竞争中获取主动地位，在国防部成立了高级研究计划署（Advanced Research Project Agency，简称 ARPA），它把高科技引入军事竞争，目标是建立一个在核打击下通信网重要节点被摧毁的情况下，仍能维持其他重要部门的通信联络，这就是最初互联网产生的背景。1969 年，包括加州大学洛杉矶分校和斯坦福研究所等 4 个节点的计算机网络投入使用，被命名为 ARPAnet。

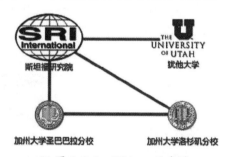

图 5-3-1　ARPAnet 示意图

从某种意义上说，互联网的前身阿帕网是冷战的产物，但它后来的发展应用和对于人类社会的意义，是当初组织和研发它的人们绝对未曾意料到的。现在，互联网已经被公认为是惠及全球的伟大发明。

最初互联网的创立，主要是当时的四位年轻人做出了重要的贡献。他们分别是：劳伦斯·罗伯茨，他于 1969 年在阿帕负责开发这个程序，使得该研究机构内的电脑能够互联互通，这个程序就是被视为互联网前身的"阿帕网"。

伦纳德·克兰罗克，互联网"信息包交换"理论的重要贡献者，该理论是早期互联网传输的基础之一。罗伯特·卡恩和温顿·瑟夫，TCP/IP协议联合发明人，TCP/IP定义了电子设备如何连入互联网，以及数据如何在它们之间传输的标准，因此也是国际互联网的基础之一。

劳伦斯·罗伯茨　　伦纳德·克兰罗克　　罗伯特·卡恩　　温顿·瑟夫

■ 图 5-3-2　ARPAnet 的四位创建者

在20世纪70年代至80年代中期，ARPAnet的使用主要局限于美国国防部和与其有关的大学、科研机构。在此期间，互联网的主要应用手段，如远程登录（Telnet）、文件传输（FTP）和电子邮件（E-mail）等相继问世并立刻得到了推广使用。1973年，这个网络实现了从美国到英国伦敦大学的第一个国际连接。从那时起，TCP/IP被定为ARPAnet信息传输的标准协议，它大大提高了当时网络通信的效率，使得信息传输更加经济，效率更高，而且伴随着工作站的发展在计算机网络上被广泛使用。"互联网"，这个用来描述计算机与计算机、网络和网络之间互联概念的术语，也随着TCP/IP协议的推广被社会广泛接受。

在ARPAnet发展扩大的同时，由以太网（Ethernet）为代表的计算机局域网技术有了很大发展，采用其他协议的广域计算机网络也相继建立并得到发展。这些计算机网络覆盖的范围从北美到欧洲，进而延伸到日本等国，再扩大到全球各个国家和地区。

学术性网络——NSFnet

随着计算机网络技术的发展，许多专家学者要求建立用于教育和科研的

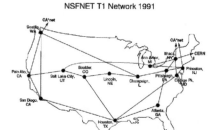

NSFNET T1 Network 1991

图 5-3-3　1991 年的 NSFnet 示意图

计算机网络。1986 年，美国国家科学基金会（简称 NSF）资助建立了以 ARPAnet 的技术为基础的学术性计算机网络，称为 NSFnet。

这一网络最初的传输速率仅为 56 kbps，相当于每秒钟传送写满两页纸的文本信息。它连接了位于加州大学圣地亚哥分校、伊利诺伊大学、康奈尔大学和普林斯顿大学等处的六个超级计算中心。围绕着这些超级计算中心，形成各自的地区网络。各大学和科研机构的园区网就近连入这些地区网络，从而使所有美国的科学技术人员可以从手边的计算机通过园区网、地区网进入主干网，共享这些超级计算中心的资源。从此以后，NSFnet 成为互联网的主干网，开始向全社会开放，并像滚雪球一样越滚越大。伴随而来的问题是信道不够宽，用户总是抱怨网络传输速率太慢。正像大城市的交通网络经常遇到的问题一样，公路的拓宽总是赶不上车辆数量的增长。

1987 年，连入互联网的主机数量超过了 1 万台。为了解决网络超载的矛盾，主干网的传输速率升至 1.544 Mbps。从此，Merit、IBM 以及 MCI 等三家公司共同负责运行、维护和管理 NSFnet 主干网。后来，为了更好地完成这一使命，这三家公司又联合成立了 ANS 公司。

1991 年，互联网入网的主机数量超过 60 万台，主干网升级到 45 Mbps，传输速率比初期增长了 700 倍。

1995 年 4 月 30 日，NSFnet 结束了它作为互联网主干网的历史使命，互联网从学术性网络转化为商业性网络。

商业化网络——NAPs 结构

随着互联网网络规模的不断扩大，在网络上的商业活动日益增多。一方面，一些公司、特别是跨国公司要求加入互联网，利用互联网提供的各种服务进行全球业务联系和市场营销。另一方面，也出现了专门从事互联网商业活动的企业集团，它们向要求加入互联网的单位和个人提供连接服务（Internet Service Provider，简称ISP），并建立了各自的主干网。与NSFnet相比，这些私营网络采用同样的协议标准和传输速率，提供同样的网络应用和服务。此外，通过商业化的网间交换，

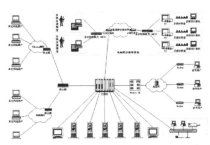

■ 图5-3-4　现在人们使用的网络示意图

不同网络的用户可以很容易地相互通信访问，并可与NSFnet互连。鉴于互联网的网络流量大部分为商业信息，这些商业网络已经可以取代NSFnet的地位运行、维护和管理覆盖全球的互联网，并可以使网络向全体社会成员开放。

此后至目前的互联网，不再有一个唯一的主干网，而是由多个商业公司运行的多个主干网互联而成。

通过NSF指定的几个网络访问点（Network Access Points，简称NAPs）实现网络互联解决方案，这种情形很像航空中转，譬如要从清华大学去美国麻省理工学院参观访问，首先要搭乘汽车去首都国际机场，从那里乘中国民航的航班飞往旧金山，然后再乘美国东部航空公司的航班飞到波士顿，最后乘车抵达麻省理工学院。这里，旧金山的航空港起到了中转站的作用。

同样，如果我们要用位于清华大学的计算机访问麻省理工学院的信息站点（WWW服务器），首先要通过局域网进入中国教育和科研计算机网（CERNET）的全国网络中心，从那里的国际出口进入国际信道，将信息再传输到位于旧金山的NAP，接着信息包又被转送到主干网，经丹佛至波士顿，最后经过地区网进入麻省理工学院校园网的一台主机。互联网就是这样把全球数以亿计的人吸引到一个个计算机显示屏幕前，弹指一挥间即可"走遍全球"，构成了今日现实虚拟世界的一个奇妙景观。

（四.）互联网的增长趋势

20世纪90年代以后，互联网应用和用户数量呈现飞速增长的趋势。互联

网的规模究竟有多大？它所覆盖的范围究竟有多广？有多少人在使用它？如果查询互联网上一些网络站点上发布的信息，会发现各种统计数字出入很大，根本无法获取精确的数字。我们只能从增长情况上了解互联网发展的概貌。

互联网上有多少台主机呢？

统计数字表明，在互联网的第一阶段（ARPAnet 时期，1969—1986 年），主机数量从最初的 4 台增至 5 千余台；第二阶段（NSFnet 时期，1986—1995 年）主机的数量几乎以每年翻一番的速率增长，1995 年达到 600 万台以上。进入商业化阶段以后，1996 年 1 月的统计数字为 947 万台，1996 年 7 月达 1288 万台，1997 年 1 月又增到了 1614 万台。需要指出的是，这些数字仅只是从域名服务器中获取的，很多以各种其他方式连入互联网的 PC 机并没有包含在这些统计数字之内。而这些用户的数量大大超过了主机的数量。

根据美国 NSF 统计，连入互联网的国家和地区逐年增加，具体情况如下：

1987 年，与位于美国的互联网主干网 NSFnet 互连的国家有加拿大、丹麦、芬兰、法国、冰岛、挪威和瑞典；

1989 年，澳大利亚、德国、以色列、意大利、墨西哥、荷兰、新西兰、英国等国加入互联网；

1990 年，奥地利、瑞士、巴西、智利、印度和韩国等加入互联网；

1991 年，匈牙利和波兰等东欧国家，新加坡等亚洲国家以及南非和突尼斯等非洲国家加入互联网；

1992 年，喀麦隆、科威特、马来西亚和泰国等国入网；

1993 年，埃及、俄罗斯、印度尼西亚等国入网；

1994 年，中国正式加入互联网，其他国家和地区还有菲律宾、斯里兰卡也连入互联网；

后来，又有许多像蒙古和越南这样的发展中国家也先后加入了互联网。

到 1996 年，加入互联网的国家和地区的总数已经达到 134 个。到现在，互联网几乎已经遍及全球的每一个国家和地区。

1999 年以后，互联网技术发展迅速，互联网用户出现爆炸性增长的趋势。中国网民规模呈现持续快速发展的趋势。据权威部门统计，在 2008 年上半年，中国网民数量净增量为4300万人。到2008年12月，中国网民已达1.37亿人，与2008年6月统计报告中的1.23亿人相比，仅仅半年时间新增的网民就达1400万人，绝对数位已经列世界第一。宽带网络用户已经超过1亿人。

截至2019年6月，中国网民规模更是达到了8.54亿，较2018年底增长2598万，互联网普及率达61.2%，较2018年提升1.6个百分点。

此外，移动通信网中国手机网民规模达8.47亿，较2018年底增长2984万，网民使用手机上网的比例达99.1%，较2018年底提升0.5个百分点。这是10年前根本不可想象的。

为什么互联网、移动互联网及其用户群的增长势头会如此迅猛？为什么会有这样多的人不断加入互联网？这是因为互联网不但拥有大量的信息资源，还提供了越来越多的快捷方便的服务。

（五）快捷的通信手段与新的交流方式

在很长的一个时期内，互联网上最普遍的应用，除了浏览搜索信息以外，就要数电子邮件（E-mail）通信了。

在互联网出现之前，如果我们需要与美国的一家公司就合作中的有关事宜进行业务商谈，"蜗牛"式的邮政通信就嫌太慢，它也许会拖延至少一周的时间；而打长途电话不仅不经济——也许一次就需要花费上百元，而且还需要考虑时差和语言障碍等问题；发传真花费的时间和费用还可以接受，但仍需花费几十元，而且不便于就讨论的内容用电子稿修改成文。而在互联网上使用电子邮件的方式，既快捷、又便宜，通信过程最多只需要用几分钟时间，通信费用更是微乎其微。

1997年，全球的电子邮件数量就已经达到2.7万亿份，比全世界纸质的发信数量多5倍以上。现在这个数量不知道已经翻了多少番。

除电子邮件以外，互联网还提供很多实时的多媒体通信手段。例如，通过键盘输入字符可以在网上聊天，通过鼠标可以在白板上共同作画、玩游戏，利用计算机的音响系统（话筒、音箱和声卡等）可以在互联网上打省钱的网络长途电话，利用计算机的视频系统（摄像头和视频卡等）可以实现桌面会议。

由于互联网上的各种应用软件提供了各式各样的快捷、经济的通信方法，就产生了多种新的交流方式。最初流行的方式有：通过邮递表（Mailing List）自由形成专门的讨论小组，参加者可以就共同的话题各抒己见；新闻论坛（USENET）可以将话题分门别类，有科学、社会、环境、文学等等，形成不同的新闻组（News Group），用户通过访问网络新闻服务器（News Server）参加小组讨论；电子公告牌系统（BBS）的形式更加灵活，用户如果有困难，可在 BBS 上寻求帮助，而且经常会遇到热心人及时给出解决办法。后来，实时音、视频通信工具，如 QQ、MSN 随着互联网硬件的进步应运而生了，网上交流进入了一个前所未有的崭新阶段。

（六）信息资源的共享

网络上的资源包括计算机本身的计算能力和存放在计算机里的各种信息。就计算机本身的资源而言，采用远程登录（Telnet）方式，可把自己的一台 PC 机当作远程主机的终端，获得那台远程主机的大容量磁盘空间和高速度处理能力。此外，通过网络还可共享打印机、磁带机、光盘驱动器和绘图仪等计算机的外部设备。就信息资源而言，网络上的众多信息站点存放着极其丰富的各种资料，例如天气预报、旅游指南、商情介绍和科技文献等，网络用户通过访问这些服务器就可以获取所需要的不同资料和信息。

需要提醒网上冲浪者的是，互联网是信息资源的汪洋大海，如果没有自制力而漫无目标地去浏览信息，那么，你很有可能会被信息的海洋所淹没。前文也提到过庄子的一句话"吾生也有涯，而知也无涯。以有涯随无涯，殆矣。"意思是说：一个人的生命是有限的，而知识是没有边际的。如果用有限的生命去追逐无限的知识，那是没有好结果的。为了避免无效劳动，我们必须采用各种手段，尽快找到自己需要的有用资料。

近年来的网络信息检索智能化发展，为解决这个难题提供了一种新的途径。

互联网上面为用户提供了很多检索和获取信息的工具，例如，万维网、网络浏览器。如今财大气粗的微软公司早已凭借 Windows 操作系统免费捆绑互联网浏览器 Explorer（IE）的方式整垮了当年风光无限的网景（Netscape）公司，现在浏览器已经基本是微软 IE 浏览器及其衍生产品的天下。

　　但是，在移动互联网上，微软公司和当年的手机"老大"诺基亚、爱立信却因战略误判错失良机，使苹果和安卓操作系统占据了主导地位。

　　现在，我们通过浏览器就可以阅读和浏览放在世界各地信息站点的内容，而且通过一个站点提供的"路标"，就可以访问其他站点。用户无须关心这些信息存放在什么地方，只需轻点鼠标按键就可得到全球各地的信息。同时，网络上还有一些如"Yahoo"（雅虎）、"百度"和"Google"（谷歌）等网络查询站点（搜索引擎），它们为用户提供漫游互联网的导航搜索系统，可以帮助用户更好更快地查询和获取各类信息。此外，网络上还有很多公共的或者匿名文件服务器，用户可以从中免费获取许多有用的工具软件。

■ 图 5-6-1　便于网络搜索的网站界面

（七）崭新的信息传播方式

　　在互联网问世之前，人类社会的信息传播方式主要有文字（报刊）、图像（画报）、声音（广播）、动态图像（电视）等。互联网的出现将它们"一网打尽"——所有的传播形态互联网全都具备。而且由于互联网传播速度快、覆盖范围广等特点，它已经深刻地改变了现有的信息传播方式，成为一种崭新的媒体形式。

为了应对这种变化，很多报纸和期刊在互联网上开发了信息站点，各大门户网站也都开办了自己的"新闻"频道，以实时更新或者以电子出版物的形式通过网络向订阅用户发送新闻；所有电视台和广播电台也通过自己的网站滚动式地广播新闻，用户通过专门的播放软件就可收看或者收听世界上的最新消息。现在，新媒体之间"你中有我、我中有你"的趋势越来越明显，而且传统纸质媒体已经有开始萎缩的趋势，失去了原有的风光。而移动互联网通过手机平台已经占有越来越大的传播优势，这是传统媒体不得不面对的残酷现实。在互联网上可以使用文字、图片、动画、音频，甚至视频等各种传播手段，不同媒体的优势手段都可以在网上一展风采，这是多媒体网络信息交流的独特优势。

图 5-7-1　阅读网上新闻

（八）远程教育、网上会诊与治疗

老师向学生当面授课是延续了几千年的教学模式。现在，一块黑板和几支粉笔的传统教育模式已经不大适应社会发展变化的需求。因为科学技术的迅速发展使得知识需要不断更新，一次性教育远远不能满足人们的岗位及求职的需求，越来越多的在职人员和下岗职工迫切要求接受继续教育，而且终身教育的理念已经被社会广泛接受。

利用计算机的优势，进行普通教育和职业教育，是满足人们"充电"需求的重要手段。但是，传统的计算机辅助教学主要是一些 CAI 教学软件。它们分别针对某一种课程，作一些讲解或编制一些交互式的练习题。这种方式有它的优点，主要是可以换个方式学习，能引起学生的学习兴趣。同时，CAI 软件可以汇集优秀教师的教学经验和解题思路，又可以以磁盘、光盘为载体传播到任何地区。只要有了计算机和 CAI 教学软件，就好比有了一个高水平的"家庭教师"。

但 CAI 软件也有明显的不足。比较突出的问题是单向教育，没有交流手段，针对性也不够强。

互联网普及后，计算机辅助教学发生了一次前所未有的革命。现在，利用互联网开展远程教育，可以在同一时刻、在不同地点建立虚拟课堂，利用流媒体课件开展生动的教学活动，并可以通过网络使老师和学生建立实时的联系，随时随地进行交流，甚至可以通过网络提交作业、进行考试。从此，不论是在校的学生还是在职的工作人员，都可以通过网络获取丰富的知识，接受学历和非学历教育。

现在，许多国内外的著名大学和继续教育机构已经把许多课程的教学内容存储在服务器上，学生随时可以在网上学习任何一门课程。有了问题还可以和老师在特定的时间进行网上交流。在一些发达国家，通过在网上学习已经可以拿到学分甚至学位。

随着互联网硬件的不断升级，这种先进的教学手段会随着技术条件的进一步成熟，而得到更加广泛的普及。

移动互联网和手机平台已经为人们提供了利用碎片化时间进行"充电"学习的最佳方法和平台。遗憾的是，许多人并没有充分利用这个现代化的技术手段充实自己，不同场合的"低头族"只是把它作为新的消磨时间的"游戏机"。

另外，采用与远程教育相同的技术手段，也可以请一流专家对疑难病症进行会诊、对边远地区的医生进行手术指导、对病人进行远程治疗。在紧急情况下，如果专家来不及赶到手

图 5-8-1　我国最早尝试远程手术指导的王忠诚教授

术现场，可以根据传送过来的手术部位的图像做出诊断和处置，甚至可以通过网络遥控手术过程。1998年初，中央电视台新闻联播播出了北京的著名脑外科专家王忠诚教授通过远程医疗系统，指导外地医生进行脑外科手术的情景，使人们大开眼界，感慨万分：北京离人们更近了！一流专家就在我们身边。

2008年四川汶川大地震发生后，解放军军医大学的著名医学专家也通过互联网成功地指导了四川的医生对地震的伤员进行了手术治疗。

我国在2017年成立的互联网医疗系统与应用国家工程实验室，是"十三五"期间国家规划建设的8家"互联网+"领域国家工程实验室之一，是我国互联网医疗领域第一个国家级科技平台，我国首个5G医疗实验网络也已经进入全面测试阶段，以5G的高带宽、低时延为基础，异地实时手术实验已经多次成功进行。

2019年3月，中国人民解放军总医院通过中国移动和华为搭建的5G网络，跨越3000千米，成功完成全国首例基于5G的远程人体手术——帕金森病"脑起搏器"植入手术。

2019年6月27日10时45分，北京积水潭医院宣布全球首例骨科手术机器人多中心5G远程手术顺利完成。当天，在机器人远程手术中心，该院院长田伟在5G技术的支持下，同时远程操控分别位于浙江嘉兴和山东烟台两台天玑机器人，完成了两台跨越千里的手术。这次手术标志着我国5G远程医疗与人工智能应用达到了新的高度。

■ 图 5-8-2　远程指导地震伤员手术治疗的解放军著名专家

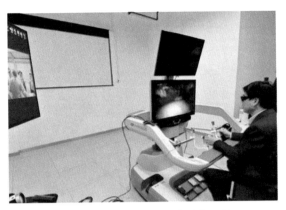

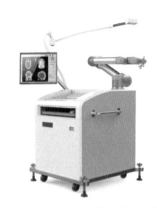

■ 图 5-8-3 　5G 远程医疗手术现场　　　　■ 图 5-8-4 　一种脑外科手术机器人

（九）需要关注和创新的文化娱乐方式

目前的电子消费品市场以电子游戏、影视和声乐作品的音像制品为主。在现在的互联网上，不仅可以采用电子购物方式买到这些电子娱乐产品，同时，随着网络技术的发展，网上可以直接操作的游戏娱乐活动也越来越丰富多彩。例如，可以在网络上打桥牌下围棋，可以点播音乐、看视频节目，等等。

■ 图 5-9-1 　网络游戏

20 世纪 90 年代，互联网刚刚步入城市生活时，就出现了一种叫作"网络咖啡屋"的娱乐场所，而且人气很旺。那里的主要特点就是可以一边品尝咖啡一边上网。网络咖啡屋之所以能吸引人，就在于它的现代化气氛。我们当时预言，当人人家中都可以上网的时候，恐怕这种娱乐方式就会被更新的娱乐方式取代了。现在电子游戏的发展已经大大出乎人们的预料，网吧已经成为一种毁誉参半的社会文化现象，引起人们越来越多的关注。如今手机游戏又成为使教育界和许多家庭忧心的新问题。

网络漫游、网络聊天以及手机游戏对青少年来说是一把双刃剑，它既可以为人们的工作、学习和生活带来很多好处，缩短人与人之间的距离，也可以使自制力较弱的孩子沉迷其中难以自拔。现在，网瘾已经被确定为一种轻微的精神疾病，足以说明这个问题的严重性。尽管如此，我们仍然认为简单的禁止不是好办法，"抽刀断水水更流"，学校与家庭应该加强沟通，因势利导与孩子建立相互信任的关系，采用更多更好的方法引导他们善用互联网学习新知识，学校和社会有关部门有责任和义务利用互联网和移动平台，创造更多的与青少年互动交流的新形式，这些新形式的特点应该是孩子们喜闻乐见的，生动活泼的，平等交流的，以利孩子们快乐生活，健康成长。

（十）商家在互联网上的崛起

电子商务是互联网的一个最热门的话题，它已经成为互联网上最有前途的应用。

随着计算机全球互联网的建立和迅速发展，国际商业领域正在发生着很多重要的变化。现在，世界上数以亿计的用户联入了互联网，到 2000 年，上网用户早已超过了 10 亿。2018 年，活跃在网上的人数比 2017 年增长了 6%，达到 38 亿人，约占世界总人口的 51%。2018 年全球 28 个主要国家及地区电子商务交易规模达 247167.26 亿美元，网络零售交易额总计 29744.6 亿美元。2018 年中国跨境电商行业交易规模达 90000 亿元人民币，同比增长 11.6%。

互联网进入我国后，给企业提供了及时捕获信息和发布产品信息的条件。互联网的许多站点都可以提供商品供求信息。上网企业可以在繁多的供求目录上寻找或推销商品。在互联网上获取信息一般是免费的，企业可以不必参加订货会、交易会，也无须通过中间商，就可以同外商进行网上洽谈。只要抓住机遇，不论企业大小，都可以做到不出家门国门，实现产品走向世界。互联网上的电子商务（E-Business）为越来越多的人带来前所未有的发展机遇，利用互联网接收和发布商务信息，是越来越重要的现代化商务手段。到 2009 年前后，全国各地乡村就已经有了利用互联网信息脱贫致富的实例。例如，北京市科协通过帮助一个叫作"菩萨鹿"的贫困山村接通互联网，结果通过网上的信息沟通，他们迅速提高了经济收入。随着我国向"两个一百年"奋斗目标迈进的步伐，各地网络扶贫脱困的典型案例更是不胜枚举。

20 多年来，国内的互联网用户持续增长，我国网民的绝对数持续保持全球第一。企业上网建站的也已经越来越普遍，越来越多的商家开始重视在网上宣传自己的产品。这是因为，随着我国经济的发展，已经有越来越多的企业认识到计算机网络的重要性，准备通过互联网向全世界推销自己，到网上一展风采。

在以往，国内外广告界公认的信息传播方式有电视、广播、报纸、书刊和音像制品等。而在进入 21 世纪后，互联网正以它更快的传播速度、更广泛的覆盖范围，改变着传统的信息传播方式。例如，不仅 IT 类、商业类报刊积极拓展网上业务，就连新华社和《人民日报》《光明日报》等时政类报纸也早已在网上建立了自己的站点，以便向国内外读者发布实时信息。国际上一些广播电台早已通过互联网滚动式地播放实时新闻，用户通过专门的播放软件就能收听到来自世界最新的消息。互联网的这些特点，已经使它在短短的几年间成为世界上最重要的传播工具之一。

随着互联网的广泛应用，网上信息已经成为人们获取信息的重要来源。虽然在可信度方面与传统媒体相比还有所欠缺，但在影响传播的广度上已经不输于任何传统媒体。在 1996 年年底时，世界上最大的 500 家大公司就已经有 400 家在万维网上注册了网址，用来发布供求信息。美国的大公司在 1995 年花在网上的广告费就已经达到了几亿美元。我国的大企业和名牌产品那几年也开始纷纷上网，如宝钢、同仁堂制药厂、青岛啤酒等在 20 世纪 90 年代末就已在网上安营扎寨。

目前，所有重要企业都已经在互联网上建立了自己的站点，这已经成为一种时尚的形象展示方式。而且，与传统媒体广告量日渐萎缩的趋势不同，互联网上的广告数量逐年递增，已经取得了后来居上的优势。

"电商"这个名词在 10 年前还并不普及，因为那时在网上经商还算是个"新事物"。但是近几年来，中国的几家著名"电商"和互联网企业，如阿里巴巴、京东、腾讯、百度等已经进入世界 500 强企业名单。

■ 图 5-10-1　网上商城

如果是在互联网上做广告，还具有以下的优势：

1. 覆盖面广，便于开展外贸业务。因为互联网已经联通了世界上的几乎所有的国家和地区，网上广告可以通过万维网传播到世界上所有地方。

2. 费用低廉。使用互联网传播广告的费用比电视、广播及报刊相对要便宜得多。

3. 查询、保存资料十分方便。发布在互联网上的广告内容由于采取了网络站点存放的方式，因此要比转瞬即逝的广播电视广告，以及分散在每期不同版面上的报刊广告更便于整理、保存和查询。只要用户记住或查询到公司的网址，就可以随时在网上获取最新信息，查询有关的历史资料。

4. 信息传递是交互式的。和接受广播、电视、报刊上发布的单向广告不同，用户在读取互联网上广告的同时，就可以向广告的发布者反馈信息。

我们也要看到在互联网上做广告的不利因素。它与我国网民素质、网络建设、发展的现状有关。目前国内上网的中小企业虽然还不太多，但迅速增长的趋势还是十分明显的。

企业的好产品，应该充分利用网上广告的优势，把它用文字、图片、动画，甚至影视片等各种传播手段推向互联网，也就是推向了全世界！

要知道，当你把企业的产品名录，经营业绩，最新产品的规格、价格以及驻各国、各地办事机构的信息放在网上的时候，意味着你的企业和产品就已经开始走向世界了。

（十一）电子货币与网络银行的发展

在商业竞争中，掌握及时、准确的经济信息情报至关重要。互联网为商家了解市场行情、及时获取全球金融信息提供有力的工具。例如，证券交易所可以通过网络实时公布证券市场的涨落情况。此外，还可通过国内功能日渐完备的电子银行，进行网上交易和电子购物等活动。当然，这一切都是以电子货币为基础的。

电子货币是指货币的电子替代物，它可以储蓄、转账，很难伪造。它是作为货币使用的电子代码。使用电子货币最常见的手段就是各种银行卡和信用卡。现在我国的手机银行和移动支付已经成为世界互联网的一道亮丽的风景。

■ 图 5-11-1　不同的银行卡

使用电子货币，用户可以像使用现钞一样进行商品交易。它还可以使用户在商业互联网上进行购物、转账和结算，这一点是普通货币无法做到的。

以前，由于电子货币只是电子代码，所以它不能应用在类似投币电话、投币购票这样的场合。但是，现在移动电话已经取代了大部分传统电话，移动支付和刷卡消费已经遍及全国各地的各类商家，事实已经证实了我们10年前

■ 图 5-11-2　扫码支付和二维码支付

的预言："在不久的将来，一定是刷卡比投币的场所多。"而且，随着移动通信 3G/4G/5G 网络的出现，更是出现了"刷手机（二维码）"比"刷（银行）卡"更加普遍和方便的情况。

使用电子货币的原理是，让银行把用户在交易中的款项以数字化的形式在计算机互联网中拨出，或者把钱存入带编码的电子专用卡或手机，例如，现在银行的信用卡和各种银联卡实际已经在成功运用这种方式了。当然，用户也可以在不同银行联网的 ATM 上进行存取款的操作。

电子转账的手续稍微复杂一些。专家们设计了电子货币转账过程并已经在移动互联网上广泛应用。除了方便快捷以外，它最重要的目标就是要保证安全，因此电子货币的收支实际步骤要多一些，主要是验证身份。但是它的主要步骤是由计算机和手机程序自动实现的。

我国电子货币的初期目标是在银行系统实现网上存取款和实现异地实时的结算。现在，这个目标早已经提前达到。

现在，不仅绝大多数城市的 ATM 和 POS 机已经实现网络互联，不同商业银行发行的带"银联"标志的银行卡和信用卡已经可以在商业流通中实现无障碍的刷卡消费，而且网络银行和手机的移动支付给人们带来了更加方便、快捷的体验。

除此以外，我国各商业银行和邮政个人储蓄系统的银行卡也已经实现了内地多数城市的通存通兑。

实现以上功能的基础就是当初由政府有关部门和各大商业银行及中国人民保险公司共同组建的国家金融数据通信网骨干网。国家金融数据通信网骨干网开通后，有效地解决了不同银行之间的异地资金清算问题，大大提高了电子汇兑的效率。同一银行甚至不同银行的跨省银行汇款现在基本已经做到了即汇即到。

随着计算机技术的发展，人们曾经广泛关注的可视电话的发展与普及有了新的契机。在 10 多年前，已经有大企业使用"多媒体 PC+ 快速调制解调器 + 数字摄像机"的方法召开电视会议，这在当时被认为是可视电话将要走向普及的重要标志。

但是，随着家庭计算机和宽带网络，特别是智能手机大规模进入普通家庭，人们已经不再需要单独的可视电话机，而只是采取在上网设备（计算机或者电视机）上加装一个摄像头的方法实现可视对话。智能手机及其视频实时聊天软件进一步改变了人们的生活方式，它与网络银行、网络购物的密切配合，为信息时代广泛的电子商务活动提供了新的更可靠的交易手段，从而使电子商务进入一个崭新的发展阶段。

回顾过去，当世界第一家电子网络银行——亚特兰大的安全第一网银行（SFNB）于 1995 年 10 月 18 日在美国开业时，国人曾经觉得它是那么神秘并且遥不可及。但是现在，我国的电子网络银行无论是在硬件还是在服务项目、服务水平上，都已经不输于世界上任何一个国家。

现在，国内商业银行的网络银行可以提供全面的金融服务，包括基本支票业务、信用卡服务，客户在网络银行可以开设基本储蓄账户、支票账户、货币市场账户和定期存单业务。另外，它还可以为客户提供金融分析服务及各种市场信息和新闻。网络银行的最大优点是：省时高效、容易使用，能够提供 24 小时的不间断服务，最大限度地为客户提供方便。

（十二）企业的电子数据交换贸易

在发达国家，使用基于互联网的 EDI（电子数据交换，Electronic Data Interchange）代替传统交易模式进行进出口贸易结算在 20 世纪 90 年代就已经相当普遍，许多行业性的 EDI 网络正在高速运行中。EDI 以其传递信息快速、便捷、准确、高效等无可争议的优势受到越来越广泛的关注和重视。由于使用这项技术，使商业贸易过程不再依赖于纸面单据，所以又被人们称之为"无纸贸易"。根据 1995 年时的统计数字，当时全世界就已经有 40 万家企业使用了 EDI 技术。但那时，我国在这方面还比较落后。

EDI 不是用户之间简单的数据交换，EDI 用户需要按照国际通用的信息格式发送信息，接收方也需要按国际统一规定的语法规则对信息进行处理，并需要其他有关系统的 EDI 综合处理。整个过程都是自动完成的，无须人工干预，由此可以减少差错，提高效率。

EDI 技术迅速发展的基本动因是各国进出口贸易以及工商业发展追求高效率、高利润的需要。以前是发达国家中的 EDI 技术应用更为普及、成熟，发展更为迅速。例如，在 20 年前，法国和英国已各有 50% 和 90% 以上的海关手续应用了 EDI，新加坡政府则在当时投资 2.5 亿美元支持推进 EDI 的发展，使当时新加坡的 EDI 水平居于亚洲的领先地位。

不少西方国家，还有亚洲的新加坡，在 1999 年前后曾多次要求我国必须用 EDI 技术办理海关手续，否则将推迟办理相关结算，而且由此造成的压关、压港的损失也要由我国承担。他们说："谁拥有 EDI 手段，谁才有资格成为国际贸易伙伴。"我国从 1990 年将 EDI 列入"八五"攻关项目，1993 年起实施"金关工程"，现在，EDI 在我国国内外贸易、交通、银行等部门已经得到广泛应用，它已经成为我国国际贸易和电子商务的重要技术支撑。

■ 图 5-12-1 EDI 首先在海关和港口应用

实际上港口（包括海陆空港）作为全球综合贸易运输的节点，其作业效率、服务水平及可靠性是至关重要的因素。只有应用电子数据交换技术与自动化相结合的方法，才能在业务不断大量增长的情况下，对港口、车站、物流配送等进行可靠的控制和管理。应用 EDI 技术，物流信息通过计算机网络的传递，已经达到了"桌对桌"的程度。为适应这种情况，我国也进行了"信息港"的开发建设。1997 年 5 月，天津港的 EDI 中心率先正式开通，天津港从而成为我国内地率先实现以国际集装箱运输信息交换方式与集装箱运输接转的港口。此后，全部涉外港口先后实现了 EDI 技术的应用。

应用 EDI 技术固然需要投入大量的资金、人力和物力，但使用它以后可以大大提高工作效率，增加贸易实施过程的可监控程度，也必然会带来可观的经济效益。

比如，EDI 系统使供货商与零售商之间可以将订货单、发货单、付款通知单等信息通过电子网络系统传递，从而可以减少中间环节、提高效率，降低劳动成本。例如，美国的通用汽车公司在采用 EDI 技术后，与以前相比，生产汽车平均每辆节省了 250 美元，仅按年产 100 万辆汽车计算，一年即可产生 2.5 亿美元的经济效益。

现在我国已经是世界第二大经济体，世界上唯一一个门类齐全的制造业大国，全面深入研发应用先进技术，扎实稳健地实现从制造业信息化"大国"到制造业信息化"强国"的转变，就是摆在我们面前的一项十分关键而迫切的任务。

（十三）商业物流的网络化

现在，一批成熟的计算机技术和互联网技术已经被广泛应用在商业零售企业中，而且获得了良好的经济效益。

例如，大型商场和超市在前后台管理系统中普遍使用了条形码技术，就可以利用扫描仪扫描商品上的条形码代替手工输入商品名称、价格、规格等信息，由此大大提高售货与收款的工作效率。商场也可以借此改善、加强管理，因为商场的每一笔交易都会通过收款机传到后台管理系统中，甚至可以传递到远在其他省市的公司总部的后台信息管理系统中。商场或超市每天的销售、库存情况、商品供求分析、财务分析等都可以在每天销售结束后在后台系统中反映出来，这些第一手资料可以为企业管理者的经营决策提供可靠的科学依据。

商业企业的集团化、连锁化、国际化的趋势越来越受到人们的关注。这种集团化、连锁化的商业结构更应该积极应用计算机管理的优势以应付越来越

■ 图 5-13-1 超市、商场可刷卡的
POS 终端

激烈的市场竞争。

能够快速响应市场供求变化的自动化信息管理系统，可以为经营决策者提供及时、准确、可靠的信息，为企业经营决策服务。商业的电子化，自动化代表着现代化商业发展的方向。在商业电子化自动化方面，国家 863 重点攻关项目有一些项目已经完成。如当年立项的燕莎商城望京仓储式购物中心的计算机管理工程、大连的"米米米"连锁店的计算机网络工程、国家粮油信息网、商品现货交易系统都曾经是取得成功的例证。我国的商业电子化进程现在已经取得了阶段性的重大成果。

不仅如此，作为后起之秀的电商，从一开始就利用了更新的计算机和网络技术，例如京东商城在仓储管理系统中大量使用了机器人和人工智能技术，有的电商的配送系统甚至开始在小城市和地广人稀的山区，使用无人机送货的方式，使商品能够更加及时准确地送达客户手中。

江泽民同志曾指出："电子信息技术具备很强的渗透性，它对国民经济各行业的发展可以产生倍增的效益。"

习近平同志指出："当今世界，科技进步日新月异，互联网、云计算、大数据等现代信息技术深刻改变着人类的思维、生产、生活、学习方式，深刻展示了世界发展的前景。"

我国电子商务的建设和发展已经使更多的人感受到科学技术这个第一生产力对我国经济建设的强大的推动作用。

（十四）城市管理的崭新实践

在社区服务与管理方面，计算机网络与现代通信工具相结合，也正在发挥着日益重要的作用。计算机综合网络渗透到城市管理与百姓生活之中，形成了一种崭新的城市管理模式。例如，北京市东城区社区率先进行的"网格"化管理就是一个典型。

■ 图5-14-1 东城区城市管理监督中心的信息收转平台

随着城市现代化建设进程的加快，城市管理滞后几乎成为所有城市遇到的共同问题。随着经济文化建设的进一步加速，北京市东城区的城市建设发展迅速，但城市管理方面存在的问题就凸显出来，如管理体制、机制不顺，理念滞后，政府管理缺位，条块分割，专业管理部门职责交叉和不明确，缺乏有效的监督和评价机制。这些问题造成了信息滞后、管理被动，突击式、运动式管理成为常态，创新城市管理模式已经迫在眉睫。

为了解决这一问题，北京市东城区在2003年底就成立了创新城市管理模式课题组，运用"数字城市"等现代管理理论方法，依托当时已经比较成熟的信息技术，结合城市管理的实际，提出了网格化城市管理的构想。

按照这一构想，他们依托网络信息技术、地理编码技术和移动通信技术，推出全区域、全时段的网格化城市管理解决方案以及与之配套的"网格化城市管理信息平台及应用系统"。借助城市管理信息系统，以一万平方米为基本单位，将东城区所辖区域划分成若干个网格状单元，由各个城市管理监督员对自己分管的万米单元实施全时段监控。他们为每个城市管理监督员配备了具有无线传输和定位功能的信息采集器（即"城管通"手机），分布在所划分的区域内巡查。

居民只要拨打城市管理特服号码，就可以把身边城市管理中的问题，如井盖丢失、垃圾乱堆乱放等，及时报告给东城区城市管理监督中心，这个中心通过专用网络迅速通知城市管理的有关部门，通过一张网络和一个平台，将城市管理信息集纳于无形之中，不仅实现了城市管理的信息化、标准化、精细化、

动态化，也实现了对市民的意见和心声
实时的收集与反馈。

为城市管理监督员提供的现场信息
快速采集与传送专用通信工具——"城管
通"手机，利用实时无线通信技术与政
府政务信息共享平台进行连接，可以在
第一时间翔实准确地提供关于城市管理
的现场资料，为城市管理部门的快速响
应和科学决策奠定基础。

■ 图 5-14-2　"城管通"手机

"城管通"系统的终端应用系统由巡查人员掌握，负责城市各处所发生
的问题，收集各种现场信息，如电话、表单、现场照片、录音和地理信息，通
过无线网络将所采集到的多媒体信息实时传送到城管的电子政务共享平台。
其服务器端则负责实现终端应用系统和政务信息平台之间的各种数据交换与
管理。

东城区数字化城市网格管理新模式自创建以来取得了巨大的经济效益和
社会效益。仅用了 5 年时间，东城区在原来的 10 个街道，2 个重点地区，137
个社区的管理层次上更上一层，实现 2538 个万米单元网格的精细化管理。而
157976 个城市部件，包括下水道井盖、垃圾站……都通过地理编码技术标注
在万米单元网格图中。东城区的城市部件全部掌控在北京市东城区政府城市管
理监督中心里。这个系统运行以来，集中处理了多年一直未被重视和解决的问
题，大大提高了城市管理效率，使城市面貌焕然一新，受到区域居民的欢迎与
赞誉。

国家住房和城乡建设部将此项目列为国家科技攻关计划示范工程，并且
已在全国多个城市开展了试点推广工作。全国多个城市根据试点工作的经验，
已经逐步在各地推广，使我国城市管理水平迈上一个新台阶。

（十五）互联网"黑客"与网络安全

"黑客"，现在通常的含义是指利用计算机在互联网上进行捣乱的人，

把他们称为"计算机网络捣乱分子"亦可。客观些的解释是，一心想破译别人的密码，偷看他人或社会机构秘密的人。

但"黑客"的原意却是充满了褒扬色彩的。"黑客"，即英文的"hacker"，其词根"hack"本意是"劈""砍"，引申为"开辟""披荆斩棘""干了一件漂亮事儿"。但是，在美国麻省理工学院的校园土语中，这个词也有"恶作剧"的意思，但特指手法巧妙、手段高明的恶作剧。到了20世纪六七十年代，这个词又被用来形容能够独立思考且奉公守法的计算机迷。

后来，随着计算机网络的发展，"黑客"的行为和定义有了新的变化。

1990年1月，美国电报电话公司的长途电话交换系统全面瘫痪，事故分析的结果，是"黑客"所为。2008年3月，美国的一个男孩闯入一个电话公司的计算机系统，导致一个机场的控制塔台计算机失灵，塔台与飞机之间的通信中断6小时。同时，当地600户家庭电话也全部中断。"黑客"甚至几次闯进美国国防部及国家宇航局的网络系统，使那里的工作受到干扰。有一天，美国司法部在互联网上的网页名称竟然被人改写为"不法部"。大家普遍认为，"黑客"已经危害到社会的安全，有些"黑客"的行为已经构成犯罪。在某种程度上，他们的行为与利用计算机窃取他人钱财、危及他人及国家安全没有什么本质的区别。

互联网迅速普及发展后，中国也有了"黑客"的活动。1995年12月，有人对海淀区的几处投币公用电话进行了特殊操作，使得不少人只要投入一角人民币，就可以随意拨打长途电话，导致电信部门蒙受了不小的损失。

尽管不少青少年计算机迷只是把闯入大机构的计算机系统当作一种极具神秘感和吸引力的冒险，但是，由于计算机及互联网现在已经成为社会运行的心脏，攻击计算机、包括电话网络就可能会造成巨大的灾难。"黑客"现在已是不光彩的称谓，现在的"黑客"行为已是不道德的严重犯罪。"黑客"的行为已经严重威胁着社会的安全。例如，台湾地区有个名叫陈盈豪的大学生曾经编写了一种叫作CIH的病毒，首先从台湾地区传入大陆地区，进而使世界上上百万台计算机瘫痪，造成了巨大的经济损失和恶劣的影响。

他编写的CIH属于恶性病毒，当其发作条件成熟时，将破坏硬盘数据，同时有可能破坏计算机硬件中的 BIOS 程序，它以 2048 个扇区为单位，从硬盘主引导区开始依次往硬盘中写入垃圾数据，直到硬盘数据被全部破坏为止。

CIH 病毒的最初载体是一个名为"ICQ 中文 Chat 模块"的工具，并以热门盗版光盘游戏或 Windows 95 和 98 系统为媒介，经互联网各网站迅速传播。其传播的主要途径是通过互联网和电子邮件。

这种计算机病毒在 1998 年 6 月开始出现后，感染了全球约 6000 万台计算机，造成高达 10 亿美元的商业损失。所以，各国政府已经把侵袭计算机的行为视为严重犯罪。一向标榜个人自由的美国，也已经开始逮捕并严厉惩处那些行为构成犯罪的计算机网络"黑客"了。

近年来，恶意进行网络攻击，泄露用户数据已经成为间或发生的重大网络安全事件，一些著名的大公司也未能幸免，造成了十分严重的经济损失。

现在，对于计算机网络病毒的制造者和侵害他人计算机、影响公众正常使用计算机与互联网的"网络麻烦制造者"，世界上已经达成共识——必须进行惩罚与教育。

（十六）卫星遥感通信与抢险救灾

在抢险救灾方面，计算机网络与卫星系统相结合，正在发挥着不可替代的重要作用。2008 年汶川地震的救灾工作有力地证明了这一点。

例如，当时"北京一号"小卫星项目本是"北京数字工程"的重大项目、奥运科技（2008）行动计划的重大专项之一。该卫星可实现对热点地区的重点观测，达到"想看哪儿就看哪儿"的程度，可以为政府决策提供科学依据。

这颗小卫星于 2005 年 10 月 27 日在俄罗斯普列谢斯克卫星发射场成功发射，经过几个月的在轨测试和试运行，实现了卫星测控、接收和运行的一体化，完全达到了预期设计要求。

有关部门运用"北京一号"小卫星的数据，曾经在土地利用、地质调查、流域水资源调查、洪涝灾害防治、冬小麦播种面积监测、森林类型识别、城市规划监测、考古等方面进行了应用示范研究，甚至帮助政府发现了一些违法建

■ 图5-16-1 "北京一号"小卫星

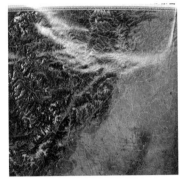

■ 图5-16-2 "北京一号"小卫星
传回的震区照片

设。如果需要，该卫星当然也可以对中央有关部门决策、政府紧急需求和重大灾害等免费提供快速主动的数据服务。

2008年"5·12"汶川大地震发生后，北京二十一世纪空间技术应用股份有限公司收到民政部国家减灾中心的紧急传真，希望他们提供覆盖地震灾区的"北京一号"小卫星的影像和存档数据，为救灾等工作提供及时的决策支持信息。接到紧急传真后，公司迅速召开紧急会议，启动应急工作机制，部署相关工作。

当晚10点，经加班处理完毕的139.5万平方千米32米多光谱影像和3.4万平方千米4米全色影像就送到了民政部国家减灾中心。与此同时，公司加强了卫星地面测控站值班力量，迅速安排卫星成像任务，确保次日获取灾区影像。

5月14日上午，某部门急需汶川地震灾区周边的卫星影像，要求在影像上标注汶川震区镇以上居民点的空间分布情况以及高速公路、国道、省级公路的路网分布状况，用于医疗救助、疾病控制等救援相关工作。

接到任务后，有关技术人员立即开始了紧张的工作，采用"北京一号"小卫星多光谱影像，制作覆盖汶川及周边地区12万平方千米的《"汶川地震"周边地区"北京一号"小卫星影像图（1：250000）》，最终在两小时内完成了任务，将影像图交给在场等候的需求部门带往救灾一线。

"北京一号"小卫星在紧急时刻为抗震救灾的正确决策与顺利进行发挥了重要作用。

我国自主研制的"北斗一号"卫星定位导航系统在抗震救灾中同样发挥了重要作用，救灾部队携带的"北斗一号"终端机不断从前线发回各类灾情报告，为指挥部指挥抗震救灾提供了重要的信息支援。

■ 图 5-16-3 "北斗一号"定位通信设备

■ 图 5-16-4 "北斗一号"卫星定位通
信示意图

据中国卫星导航应用管理中心负责人介绍，在地震发生后，他们为救援部队紧急配备了1000多台"北斗一号"终端机，实现了各点位之间、点位与北京之间的直线联络。在灾区通信没有完全修复，信息传送不畅的情况下，各救援部队利用"北斗一号"及时准确地将各种信息发回。

因为当时重灾区的普通电话与移动通信联络完全中断，而"北斗一号"卫星定位导航系统可以不受通信信号和空间距离的影响，在主指挥机进行卫星定位后，可以连接多部类似手机的"北斗一号"终端机，终端机每次可以发送短信到指定手机上，使震区的各种信息及时传递出来。解放军伞降部队奉命急降北川县城时就带去了"北斗一号"终端机。

各小分队在现场了解到附近险情信息后，就徒步深入到断路及险情发生处核实信息，及时通过"北斗一号"终端机把受灾情况和路况信息发回总部。根据"北斗一号"终端机提供的信息，政府有关部门联合解放军救灾部队及时对重伤员实施了紧急救援，接出了一批批受伤群众。

■ 图 5-16-5 手持"北斗一号"终端机的救援队员

通过"北斗"系统与通信网络的连接优势，救援队还成功帮助许多受灾群众尽快联系到了自己的亲友。

此外，通过海事卫星电话登录互联网，也成为震区与外界联系的重要方式，许多新闻记者就是通过这种方式从震区发出一篇篇稿件和一幅幅珍贵的照片。

我国具有自主知识产权的卫星遥感与通信导航系统，已经成为关系国计民生的信息网络的不可缺少的一环。其重要作用随着我国现代化进程的稳步推进，会越来越充分地展现出来。

■ 图 5-16-6　摄影记者在地震灾区使用海事卫星电话上网发稿

此后，经过我国科技工作者的艰苦努力，我国具有完全自主知识产权，与美国 GPS 卫星导航系统、俄罗斯格洛纳斯卫星导航系统、欧洲伽利略卫星导航系统并列的"北斗"卫星导航系统横空出世，现已站在了这个领域的前列。

在"北斗"工程诞生之前，我国曾在卫星导航领域苦苦摸索，在理论探索和研制实践方面都开展了卓有成效的工作。

于 20 世纪 60 年代末立项的"灯塔计划"作为先驱者，虽然最终因技术方向转型、财力有限等原因终止，却如同黑夜中的一盏明灯，为后来的成功积累了宝贵的工程经验。

"北斗一号"系统于 2003 年建成，使我国成为继美、俄之后第 3 个拥有自主卫星导航系统的国家。

在 1999 年，我国在研制"北斗一号"的同时，就展开了对第二代卫星导航定位系统的论证。与此同步，我国自主研发的高精度星载原子钟、防辐射芯片等先后成功应用于"北斗二号"。2012 年 12 月 27 日，基于"北斗二号"的"北斗"卫星导航系统正式提供区域服务，成为国际卫星导航系统四大服务商之一。

"北斗二号"的各项技术指标均与国际先进水平相当。而且，自正式提供服务以来，"北斗"导航区域系统一直在连续、稳定、可靠地运行，免费向亚太地区提供公开服务，全天候、全天时为各类用户提供了大量高精度、高可靠的定位、导航、授时服务，从未发生一次服务中断。

图 5-16-7　"北斗三号"卫星发射升空

站在前两代导航系统的肩膀上，"北斗"的第三步迈得无比自信。星间链路、全球搜救载荷、新一代原子钟等新"神器"闪耀亮相，整体性能大幅提升……

2019 年 11 月 5 日，中国成功发射了倾斜地球同步轨道的第三颗 BDS-3 卫星，这标志着"北斗三号"系统的建设即将收官。预计到 2020 年，"北斗三号"系统将覆盖整个地球表面，这将是我国又一件"国之重器"，又一张闪亮的"国家名片"。

（十七）越来越热的移动互联网

几年来，移动互联网成为一个越来越热门的话题。移动互联网伴随着智能手机的普及而进入越来越多的人的生活。现在的手机就是计算机，而且它的计算功能相较于 20 年前的大型计算机毫不逊色。随着科学技术的进步，互联网的发展日新月异，应用互联网的终端产品，也在发生着质的飞跃。例如，计算机从厚重的固定设备变成了能控制在手中的平板电脑；原本只能用于通信的手机也变成了无所不能的掌中计算机。不同的电脑智能终端正在以惊人的速度发展着。

截至 2018 年 12 月，我国网民规模为 8.29 亿，全年新增网民 5653 万，互联网普及率达 59.6%，较 2017 年底提升 3.8 个百分点。手机网民规模达 8.17 亿，全年新增手机网民 6433 万；使用手机上网的比例由 2017 年底的 97.5% 提升至 2018 年底的 98.6%。

■ 图 5-17-1　计算机外形的演进是越来越小　■ 图 5-17-2　手机外形的演进是越来越大

　　在电脑与手机的发展中，有一个有趣的现象，曾经的手机制造商如西门子、爱立信、索尼、摩托罗拉、阿尔卡特、诺基亚等通信公司，现在已经纷纷退出手机市场，成为昙花一现。而原来的一些计算机公司，如三星、苹果、联想、谷歌等，它们却成了手机制造的后起之秀。我国的华为公司，这几年更是在手机设计与制造，包括手机芯片设计、5G 标准研发制定等方面已经走在了这个行业的前列。

　　由于现在的手机实际就是微缩版的计算机，因此计算机企业转行做手机就有很大优势。如美国的苹果公司不做则已，一做就是一骑绝尘，成为行业的老大。十几年前，人们很难想象，原来只能用来进行语音通话的手机现在不仅可以接打电话，更是可以听音乐、看视频和写文章，甚至可以用来上网聊天、发布自媒体。现在人机接口已经发生了很大的变化，原来计算机及网络能够办到的事情，手机几乎都可以办到。移动支付、手机银行甚至具备了原来计算机很难实现的功能。

　　从以下图可以看到，仅在 2000 年至 2009 年，手机作为移动互联网的智能终端，功能之强大，已经超出原来所有人当初的想象。未来手机的许多能力也许更是我们今天想象不到的。

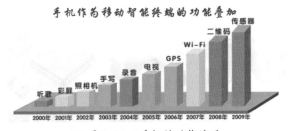

■ 图 5-17-3 手机的功能演进

手机内不同传感器与 APP 的结合，可以感知机主的位置和健康状况，也可以为机主提供导航和实时翻译等服务。这些都给现代社会的人们，带来了前所未有的便利。

2018 年中国的手机，总体出货量超过 4 亿台，产量达到近 18 亿台。中国生产的手机数量在 2016 年就已达到全球的 70%。不仅如此，我国的华为、小米等公司还设计出了手机的核心芯片，这为我们从手机大国过渡到手机强国打下了重要的基础。

为什么移动互联网会大受欢迎？资费相对较高、屏幕相对较小、带宽也稍显不足的手机上网，为什么近几年大行其道，使人们趋之若鹜呢？我们认为，除了携带方便、使用灵活、吸引眼球的诸多多媒体的娱乐功能以外，主要是它能够使用户充分利用碎片化的时间了解、学习自己感兴趣的信息。我国计算机事业的奠基人华罗庚先生曾经说过，善于利用零星时间的人，才会做出更大的成绩来。而智能手机和移动互联网的广泛普及，就是为人们充分利用碎片化时间提供了技术前提和保障，所以它必定会带来一场前所未有的新的学习的革命。

移动互联网的个性化、娱乐化、互动性，它的各种各样的服务，特别是利用大数据分析投其所好的信息推送，也使得许多人对它既爱又恨，欲罢不能。

对一部分缺乏自制能力的青少年来说，使用手机也是一把双刃剑，使用得当，学习和生活就会如虎添翼。使用不当就会如同前些年某些青少年上网形成网瘾一样，变成"手机控"，变成"低头族"，轻则影响正常的学习，重则影响身心健康。所以，这也是一个值得社会重点关注和解决的问题。

（十八）从互联网到"物联网"

互联网大大地缩短了人与人之间的空间距离，同样发生改变的还有物与物之间的连接。各种物品通过传感器、电子标签等新技术拥有了大规模的数字化属性。物质世界通过数字通信和控制技术走向万物互联，物联网由此而生。

那么物联网是什么呢？国际电信联盟给出了定义：物联网是基于现有的、可互操作的信息通信技术，通过互联（物理的和虚拟的）物件，提供先进服务的全球信息社会基础设施。这里强调的是物理的和虚拟的，也就是说，物联网连接的未必一定就是一个固定的物体，它不仅会是一台冰箱、空调、电视机，或一架飞机、一辆汽车、一台机器，还可能是一个网页或一个软件。只要相连，它就成为物联网的一部分。物联网的缩写是 IoT（Internet of Things）。

物联网中最基础的就是 RFID，即"射频标签"。我们常见的射频标签就是宾馆酒店交给客人的房卡。这个房卡是个 IC 卡，里面是没有电源的，但它里边有芯片和天线。当客人把房卡靠近门把手附近的时候，电子锁那里就发出电磁波，这个电磁波转成能量，就会变成电源，使 IC 卡工作，电子锁就可以读出 IC 卡里存的所有信息，然后进行比对。实际上 IC 卡里边存的信息比通常的二维码信息要多，例如：你是哪个客人？什么时候进房的？你每次进出房间的时间等这些信息都会记录在上面。

高速公路的 ETC（Electronic Toll Collection）电子不停车收费系统也是使用同一原理进行工作。使用该系统，车主只要在车窗上安装感应卡并预存费用，通过收费站时便不用人工缴费，也无须停车，高速费将从卡中自动扣除。这种收费系统每车收费耗时不到两秒，其收费通道的通行能力是人工收费通道的 5 到 10 倍。

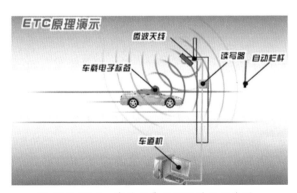

■ 图 5-18-1　高速收费站 ETC 系统示意图

从机器与机器、人与机器的互联，到一般的物体与物体的互联，再到物物互联，物联网不是在取代互联网，而是互联网应用的拓展。物联网是在 2008 年发展起来的，但是没有像预期的那样有爆炸性的发展。目前数量比较

213

多的就是摄像头，它大概占整个物联网的 10% 以上。

除了射频标签，物联网上另一个很有用的器件是传感器。所谓传感器，就是把动能和化学能转换成电能的器件，它里面有模数转换芯片（处理器）、有存储空间，当然还要有电源。单个独立的传感器是做不了什么事的，往往要把它们做成传感器网络节点，还要负责把电信号发送或发射出去。

我们举例看一看传感器的工作原理。比如说用飞机把很多传感器抛落到地面上，然后它们开始工作。各种各样的传感器可能是性质不同，功能不同，但它们收集信息、传输信息的目标相同。传感器之间的传输距离是比较短的，所以它们采取接力的方式，把自己的信息传到相邻的一个，再由相邻那一个传到另一个，最终传到传感器的网关，再由网关把这些信息传到需要收集这些信息的地方。所以传感器网一般是通过接力的方式工作的，它把这些信息，一步一步地传到需要处理这些信息的地方。单个传感器一般是直接收集信息，但有一些传感器不仅要收集信息，还负责转发。

本章第十四节里讲到的北京市东城区的"市政网格管理系统"，原理就与此类似。不过现在我们已经有了更好的技术手段，所以，效率也就大大提高了。

有的时候传感器的位置、性质和功能可能不是完全固定的。因为负责转发的传感器，它会消耗比较多的电能，所以就需要其他的传感器轮流充当转发传感器，以平衡能源消耗。在平时并不是所有传感器都处于工作状态，有些传感器在值班，有些传感器在休眠。一旦有任务信息传来，负责值班的传感器就会把邻近的传感器唤醒，再根据原来选择好的路径一路把沿线的另一些传感器唤醒，然后把任务信息逐个转发到需要这些信息的地方。这种设计的目的是为了更好地节能。

总的看来，在物联网的底层有很多需要被感知的对象，通过电子标签和传感器把它们互相连接起来，首先在它们之间组成一个个传感器网络，然后通过电子标签和传感器，或成本低廉的"窄带物联网"将它们物网相连，通过通信网来汇集这些信息。收集信息的目的当然是为了应用，所以在物联网的上层是对信息的分析，当然这里面还需要有一些中间件完善网络功能。一般来讲物联网可以分成三层：信息获取、信息传输和信息处理。信息获取是通过电子标签、二维码和传感器网来实现的；信息传输是通过互联网或移动互联网来实现的；信息处理则是通过把信息传输到数据中心或云端进行分析、汇总、控制。

综上所述，物联网就是把互联网从连接人、连接计算机扩展到连接物的一种应用功能的扩展。所以如前所述，物联网的出现绝不是对互联网的取代，而是互联网应用在新的技术条件下的功能拓展。

■ 图 5-18-2　显示实时信息的公交站牌

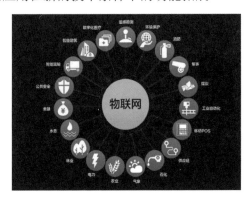

■ 图 5-18-3　万物互联示意图

移动互联网和物联网领域现在还有一个热词，就是"车联网"。所谓车联网，就是将一辆辆汽车与互联网进行连接，让汽车应用与互联网应用进行交互以实现更多的应用功能。几年来，车联网所起的作用主要是把汽车位置和实时运行的信息通过互联网技术进行上报汇总，由服务中心或者其他车联网机构来提供完善的解决方案或全方位的定制化服务。现在做得比较好的车联网应用，主要是滴滴打车和公交车的实时运营服务和监控系统。这样普通市民可以用手机或者直接观看公交电子站牌，来了解要乘坐的出租车和公交车的运营信息，包括它们的位置和即将到达的时间。这些为出租车用户和普通市民带来了前所未有的便利。

（十九）5G 移动互联网能够做什么？

2019 年，随着中国、韩国、美国、欧盟等先后宣布启动 5G 商用，移动通信和移动互联网正式进入 5G 时代。

5G 时代的到来使人兴奋，也使人迷茫。什么是 5G？许多人还不太清楚。那么，我们有必要了解一下，5G 究竟是什么？它的出现，将给我们的生活带来怎样的重大变化呢？

所谓 5G，是指第 5 代移动通信技术，"G"是英文 Generation 的首字母。5G 和 4G 相比，别看只是数字增加了一，它带来的却是一个量级的改变。5G 的网络传输速率将达到 4G 峰值的 100 倍，很多人津津乐道的是，在 5G 时代，一部超高清画质的电影在 1 秒内就可以下载完成。如果仅仅把 5G 当作是速度的升级，那么，就未免小看它了。因为就传输速率而言，它带来的只是常规的升级，并不是革命性的进步。

5G 之所以受到各国的重视，是因为 5G 网络不仅在传输速度上有大幅度提高，更是依靠密集覆盖（每平方千米可以连接 100 万台设备）、低时延（端对端的延迟只有 1/1000 秒）、高可靠性等特点推动互联网进入万物互联的时代。专家预计到 2020 年，全球将会有 250 亿台设备接入互联网。依靠 5G 移动平台搭建的物联网，有望成为人类生产力大变革的一种新的动能。

那么从第 1 代移动通信到第 5 代移动通信，也就是我们常说的，从 1G 到 5G，我们都经历了什么发展和变化呢？

第 1 代移动通信，盛行于 20 世纪 80 年代，大哥大使用的就是第 1 代通信技术，它用的是模拟通信语音，它的缺点是信号不稳定，经常掉线串号，各国没有统一的标准，也无法进行全球的漫游。

第 2 代移动通信，盛行的年代是 20 世纪 90 年代。它的典型机型

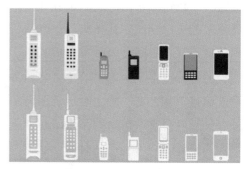

■ 图 5-19-1　1—5 代典型手机

是诺基亚的 7100（属于一款数字语音手机）。它的出现标志着手机上网时代的开端，但是由于功能所限，它的上网还只限于 QQ 聊天这类简单应用。

第 3 代移动通信，盛行于 2009 年前后。它有了更高的带宽和更稳定的传输，视频电话和大量的数据传送更为普遍，为智能手机的普及提供了网络支持。

第 4 代移动通信，盛行于 2013 年前后。4G 让手机能够实现的功能更为丰富，大量而且稳定的信息传递，无论是网络聊天还是娱乐，都得到了较大发展，由于流量较大，网络稳定不掉线，许多网络聊天工具、视频软件和游戏软件等成为一些手机用户的"最爱"。

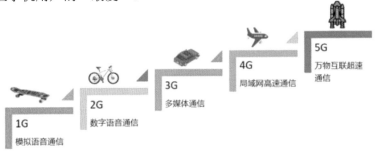

■ 图 5-19-2　1G—5G 移动互联发展示意图

2019 年应该算是世界的 5G 元年，各国纷纷推出了 5G 商用计划。我国的移动通信技术，经过了第 1 代空白，第 2 代跟随，第 3 代有所突破，第 4 代与世界基本同步的发展过程，经过无数科研人员的共同努力，实现了 5G 技术的"引领"。

工信部日前印发的《"5G+工业互联网"512 工程推进方案》提出，到 2022 年，在"5G+工业互联网"领域打造 5 个产业公共服务平台，内网建设改造覆盖 10 个重点行业，形成至少 20 大典型工业应用场景，培育形成 5G 与工业互联网融合叠加、互促共进、倍增发展的创新态势。

近期在北京举行的"世界 5G 大会"上，运营商、设备制造商齐齐亮相，全方位展示了 5G 丰富的应用场景。远程驾驶、隔空取物、虚拟现实技术、增强现实技术的产品纷纷亮相。这些以前在现实社会中不可能出现的概念化高科技产品，在 5G 技术的支持下，终于有了用武之地，展现了智能化社会的美好前景。

我们可以相信，在 5G 和无人驾驶汽车普及后，车联网即将从简单的定位、收费功能，逐渐融入"智能城市"的"无人驾驶"这个新时代。

5G 是人工智能、无人驾驶、万物互联等智能时代科技的前置技术，在 5G 出现之前，它们可能只是存在于实验室里面的概念技术。因为 4G 网络长达 50 毫秒的网络延迟，无法应对复杂的城市交通，而 5G 短至 1 毫秒的网络延迟，完全可以让无人驾驶汽车在公路上自由行驶。

5G 的应用不仅可以解决移动互联网的发展需求，促进远程教育、远程医疗等的进一步高质量发展，而且还可以解决机器之间的无线通信需求，有效促进车联网、工业互联网等领域的完善和发展。

又比如，人工智能虽然已经诞生了 70 多年，但是长期以来，因为基础条件不具备而没有长足的发展。没有基础条件，人工智能就好像一条搁浅的船。5G 将为人工智能大展宏图提供必要的技术基础和契机，给它插上腾飞的翅膀。

依托 5G 技术，我们可以实现无人驾驶，实现危险岗位的远程操作，实现农机的自动化耕种，甚至可以实现武器装备的无人作战。

我国因为历史原因，在工业革命时代落后了，整整追赶了一个时代，现在的信息技术革命就是一场国运之战。从这个意义上说，5G 时代的来临，也许标志着一个旧时代的结束，一个新时代的开端。

■ 图 5-19-3　一位在北京的参观者在体验驾驶一辆远在南京的汽车

六、未来的计算机及其应用前景

本书初版时，我们曾经对读者提出这样的问题：难道你没有觉得现在的计算机携带起来还是显得笨重了点儿，功能还是少了点儿，价格还是贵了点儿吗？尽管当时的计算机比起20世纪七八十年代的产品，已经有天壤之别。例如，20世纪80年代，即使是类似Apple I且功能很少的学习机，售价也要1000元左右，而那时人们平均的月工资不过才几十元。

20世纪70年代时，一个10 MB的硬盘售价曾经高达上万人民币。在20世纪90年代末，当出现了1.2～4.3 GB容量硬盘，且价格降到1000元人民币左右的时候，其容量增加了120～430倍，单位存储价格也降到了原来的几十分之一，乃至百分之一。当时人们觉得硬盘容量已经够大、价格已经够低了。没想到到了2008年下半年，320～500 GB的硬盘逐渐成为个人计算机配置的主流。到现在，1 TB（1024 GB）乃至更大的硬盘已经走入寻常百姓家——这时，平均1GB的硬盘容量的价格只有不到1元人民币了！温故而知新。这样一对比，你可以看到计算机产业发展的惊人速度。

（一）未来计算机世界的预测

科学理论和制造业的发展是受到社会生产发展整体水平制约的。

20世纪70年代中期，世界上诞生的第一台巨型计算机克雷 I，它每秒可以执行1亿次以上的浮点运算，比起早它30年的埃尼亚克快了2万倍，当时它的价格起点是100万美元。又30年过去了，一台普通的个人计算机的运算速度就已经达到每秒10亿次以上，而价格仅相当于当年同等性能"巨型机"的千分之一以下。

明天的计算机会是个什么样子？从外观上可能不太好预测，但是以下的趋势恐怕是必然的：处理器的功能越来越强大，系统内存越来越多而且速度越来越快，外部存储器的容量越来越大，显示设备越来越先进，能做的事越来越多。

可以清晰预见的发展

1965 年，英特尔公司的创始人摩尔曾经预言：计算机 CPU 的处理能力每 18 个月将提高一倍。从 8088、80286、80386、80486 到后来的"奔腾"系列，再到近 10 年来的"酷睿"系列，微处理器的发展使这个预言真的应验了。这就是著名的"摩尔定律"。在 20 年前，当时的"奔腾 II"处理器已经集成了 750 万个晶体管，人们当时就怀疑摩尔定律是不是已经要走到它的尽头了。但是，到 2008 年，英特尔研发的"酷睿"一代 CPU 已经达到了 8 亿个晶体管的集成度，近年来最新的"酷睿"集成几十亿乃至上百亿个晶体管是没有疑问的，这显示着摩尔定律依然生机勃勃。不过，近年来厂商不再关注新一代 CPU 中晶体管的集成度，而是关注它们的多核、多功能集成、低功耗和设计的优化。英特尔公司和超微公司的最新的处理器最多可以包含 18 核。

需要说明的是，"酷睿"CPU 中的 i3、i5、i7 分别代表的是低端、中端、高端产品，一直沿用到现在。而代际表示的才是其架构和工艺技术的改进。例如，英特尔公司 2008 年推出一代产品时是 45 纳米工艺制程，2019 年推出的十代产品是 10 纳米工艺制程。

尽管如此，困扰着最新处理器的老问题仍然没有最终解决，数据的输入、输出尽管有了很大改进，却依然是提升计算机整体性能的"瓶颈"。如果计算机的输入、输出系统及外部设备数据通道不能达到更高的速度，即使 CPU 的内部频率与运算速度再快，其性能也得不到最充分的发挥，因而也就不能形成更高性能的计算机系统。

为此，计算机的研究人员不断改进有关设备，探索设计出更高传输速度的总线。就显卡来说，至今主要出现过 ISA、VESA、PCI、AGP、PCI-E 等几种总线接口的产品，我们所能提供的数据带宽依次增加。现在，ISA、VESA、PCI 接口的显卡已经基本被淘汰。目前市场上显卡一般是 AGP 和 PCI-E 这两种显卡接口。20 世纪 90 年代末推出的 AGP 接口是一种比 PCI 更快的、用来连接 CPU 和显卡的总线接口。2000 年前后，AGP 总线得到广泛的应用。后来，AGP 接口又推出其改进升级版——AGP2.0 和 AGP3.0，先后应用在大多数计算机上，AGP3.0 比 AGP1.0 的数据传输速度提高了 8 倍。2004 年推出的 PCI-E 接口后来成为主流总线，它更好地解决了各种外围设备与系统数据传输的瓶颈问题。后来 PCI-E2.0 和 3.0 先后以较大的优势迅速成为主流总线，使计算机数据传输速度得到进一步提升。

另外，其他技术有待改进，内存发展相对滞后，也是影响处理器性能发挥的一个老问题。例如，在过去的十几年中，英特尔公司和超微公司通过研发双核和多核产品，大大提高了处理器的性能和效率，而内存模块却还是相对落后，这一问题将随着处理器核数的增多越来越明显。于是工程师们就从改进内存性能、增加内存容量两方面来提高机器的整体效率。

有人通过实验得出这样的结果：一个双核 CPU 的 Web 服务器在 512 MB 内存的情况下运行 Windows Server 2000 的系统，当内存提高到 1 GB 时，性能可提高 37%；当内存提高到 2 GB，性能可提高 76%；当内存提高到 4 GB，性能可提高 90%；依此类推。使用其他操作系统的情况也大同小异。而且，CPU 受不同种类内存模块的影响是有差别的。当内存容量低时，处理器的效能也会降低。

事实证明，现在的技术有能力构建与 CPU 同步发展的内存产品，但是这意味着较大的成本支出和电能消耗，现在使用它们很不划算。所以，人们一直在追求较高的性价比，努力开发成本相对较低而性能较高、能耗较低的内存产品，并将其应用于大部分计算机上。于是，我们看到了 DDR、DDR2、DDR3 以及更先进的 DDR4 内存产品的相继推出，但它们也都只能"各领风骚四五年"。

再说显示器。平板液晶（包括等离子）显示器问世后的很长一段时间内，它们身价高贵，平民不敢问津。那时，三洋电子公司与夏普公司相继推出的显示屏幕尺寸已经达到 20 英寸、甚至 50 英寸，这种显示器在各方面都比传统的 CRT 显示器要优越。它耗电少、无有害辐射、不刺眼、色彩艳丽、可以节省宝贵的空间，但就是价格昂贵不能普及。所以，一直到 2000 年前后，它们还是笔记本计算机的专用配套产品，或者是只供"豪门"享用的奢侈品。当时，这种显示器依据尺寸大小的不同，价格在 1600 ～ 6000 美元之间。不过用现在的眼光看，它们也存在许多不足。

现在，液晶平板显示器已经成为计算机的标准配置，价格已经与当年的

CRT 显示器相仿，或者还低一些。平板彩色电视机也在社会上实现了对显像管产品的换代过程。

在输入方式方面，语音识别技术已经初步达到实用化。但是，我们认为，它在可以预见的将来仍然不会完全取代键盘和鼠标。这不仅有个习惯和爱好的问题，还因为通过语音交谈控制操作计算机会有信息泄露的安全问题。但是，键盘、鼠标会改进得比现在使用起来更舒适。手写输入、OCR 文本扫描输入、触摸屏输入等也将改进现有的不足，使输入方式达到更加完善的程度。

近几年来，计算机识别文字（包括印刷体、手写体）的技术已有较大提高，已经达到商品化水平。

将来，无特殊安全要求的部门和个人，将会大量采用无线键盘、无线鼠标。需要使用电缆连接的，各种线路、电缆都会在房间装修时敷设在地板下或内墙里。

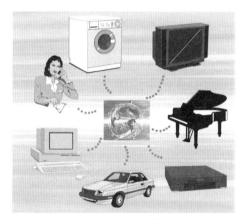

■ 图 6-1-1　未来计算机对生活的立体控制

人们需要个人计算机有一个更加"友好"的界面，确切地说，是比现在 Windows 的图形用户界面更加有利于普通人学习与操作的界面。有人把这个方向称为计算机操作的"傻瓜化"。未来需要智能化程度更高的计算机系统，使人机交流变得更加容易。现在，多数计算机已经具备初步的语音交互能力，无须再用敲击键盘或点按鼠标这些方式来使计算机执行程序或打印文档等。我们现在的手机用来交流信息的音频、视频功能，在 10 多年前是大多数人所想象不到的。实时语音、视频通话进一步拉近了人们的距离，也降低了通信成本。所有这一切，涉及的核心元件就是手机中的芯片 CPU 以及相关软件，包括不断改进和完善的操作系统和各种应用软件。

计算机应用的进一步畅想

个人计算机主机将进一步微型化。将来，它不会再占用办公室的宝贵空间，人们也许会把它放在特制的壁橱里。显示器已经开始向超薄型、可折叠方向发展，它甚至可能像纸一样可以被卷起来或者折起来放在衣袋里。现在这种国产的 OLED（有机发光器件）软屏已经率先应用于华为手机高端产品的折叠屏。

在家庭生活中，计算机和手机将来通过互联网可以被用来控制房间的灯光、温度，可以提醒人们科学地有规律地生活，按计划学习与工作，甚至可以帮助我们控制三餐的按时烹调，帮助人管理家务。通过与手机等移动通信设备的结合，你甚至可以在出差、旅游时随时掌控千里以外的家庭房间内的情况。这些其实已经不是将来时的事物，有些公司已经研发了互联网家电，某品牌厂商提出了这样的理念：未来的家，是互联网的家，是布满屏幕、让交互无处不在的家，是 AI（人工智能）化的家，是"人—车—家"智能互联的家。并已经将其初步付诸实践，也取得了一些成果。

10 年前，我们的预言是：在计算机硬件方面，几年以内，便携式微型计算机（掌上机）将被人们广泛用来处理工作和个人事务；电脑将把电视、电话以及视频功能融于一体；并行处理技术被大型计算机广泛采用的趋势将延续下去。

将来手中掌上机与随身携带的笔记本电脑都会通过"一朵云"——高速互联网互相连接起来，每一个人都可以利用大型计算机的功能做自己的事，也许那时，软件与存储空间完全不再需要个人支付费用。现在看来，智能手机（实际就是以通信为主的多功能微型计算机）异军突起，基本实现或正在实现我们预计的功能。有点儿出入的是，相关软件和云存储空间不是免费提供的，需要个人或公司支付一定的使用费。

在计算机软件方面，将来的多数软件会越来越多地由模块软件自动生成；

在管理、医药、工程领域，利用专家系统辅助进行决策将是非常普遍的现象；计算机识别系统将可以凭声音、指纹、笔迹、人脸等特征综合进行身份识别。计算机将可以对世界上的几十种语言进行更加准确的实时翻译。网络浏览器软件可以自动为用户搜集并整理信息。更先进的计算机软件将使机器在运行中可以识别正确与错误，并自动进行校正。

2018 年 6 月，美国能源部下属橡树岭国家实验室（ORNL）的"顶点"超级计算机以峰值达每秒 20 亿亿次的浮点运算速度（200 PFlops），重新登顶世界超级计算机 TOP500 排行榜榜首。在此之前，这个世界第一的位置被中国超级计算机天河二号和"神威·太湖之光"占据了 6 年。而在 10 年前，本书第二版结稿时，世界上最快的计算机是 IBM 公司最新研制的超级计算机"走鹃"，每秒钟的运算速度刚刚突破 1000 万亿次的关口。人们可以用它来做各种复杂的模型和模拟，例如在无法试爆核弹的情况下，测试核武库在发生火灾、地震等自然灾害时的安全性和可靠程度。当时刚刚传出 IBM 公司将为美国军方研发 2 亿亿次超级计算机的消息。现在中美两国超级计算机研制的近期目标都是在一两年内实现百亿亿次量级的突破。

除此之外，技术的迅猛发展还导致机器人制造领域发生巨大变化。这其中也包括，机器人变得更加人性化，而且逐渐成为我们日常生活中不可或缺的一部分。英特尔公司研究实验室当时研制的两种机器人的原型机也说明了这方面的问题。其中一种机器人可以在不发生接触的情况下了解周围的物体；另一种则能够根据人的表情识别人的情绪。

现在，不少家庭已经在使用扫地机器人清洁家庭，类似具有辅助学习功能的机器人和电脑程序在开发儿童智力与辅助学习方面起着越来越重要的作用。

未来计算机的发展趋势

第四代计算机的历史若从 20 世纪 70 年代算起，时间已经比前三代计算机发展史的总和还要长。所以，第五代计算机的话题还是引人关注的，世界上对于这个课题的研究也从来没有停止过。

科学技术的进步，推动着计算机的研究与制造都在以更快的速度向前发展。李国杰院士认为，未来计算机科学的发展趋势是在向以下的"三维"方向发展：

　　第一维是向"高"的方向发展。性能越来越高，速度越来越快，主要表现在计算机的主频越来越高。计算机向"高"的方向发展不仅是芯片频率的提高，而且是计算机整体性能的提高。一台计算机中不只用到一个处理器，而是用到了几百个、几千个乃至十几万个处理器，这就是高性能计算机的并行处理。

　　第二维是向"广"的方向发展。计算机发展的趋势就是无处不在，以至于看起来会像"没有计算机一样"。近年来更明显的趋势是网络化在向各个领域的渗透，计算机在广度上发展开拓。国外称这种趋势为普适计算（Pervasive Computing），或叫无处不在的计算。有人预言，未来的计算机可能会像纸张一样便宜，可以一次性使用，甚至可以穿戴在身上，计算机将成为不被人注意的最常见的日用品。

　　第三维是向"深"的方向发展。计算机将向信息采集与应用的智能化发展。网上有大量的信息，怎样把这些浩如烟海的东西变成你想要的知识，这是计算科学的重要课题，同时人机界面更加友好。未来你可以用你的自然语言与计算机打交道，也可以用手写的文字与计算机打交道，甚至可以用表情、手势来与计算机进行沟通，使人机交流更加方便快捷。

　　电子计算机从诞生时起就致力于模拟人类思维，人们总是希望计算机越来越聪明，希望它不仅能做一些复杂的事情，而且能做一些需要"智慧"才能做的事，比如推理、学习、联想等。10年前，计算机"思维"的方式与人类思维方式还有很大区别，实现人机之间交流的困难还不小。人类还很难用自然的方式，如语言、手势、表情与计算机打交道，计算机的相对"难用"成为阻碍它进一步普及的巨大障碍。随着互联网特别是移动互联网的迅速普及，普通老百姓使用计算机、特别是智能手机的需求日益增长，这种强烈需求大大促进了计算机在智能化方向的研究。

　　这方面的需求加上计算机性能的大幅度提高，使得人工智能在"大数据"的基础上跨上了一个新的台阶。

在这个领域，中科院计算所和清华大学先后研制出人工智能芯片，前者成为华为手机麒麟芯片的助力，后者安装在一辆"类脑自动行驶自行车"上，演示视频中，这辆搭载了"天机芯"的自行车不仅可以自平衡，还能实现目标探测跟踪、自动避障、语音理解控制、自主决策等诸多功能。相比于当前世界先进的 IBM 公司的 True North 芯片，"天机芯"密度提升了 20%，速度至少提高了 10 倍，带宽至少提高了 100 倍。"天机芯"优异的表现，让不少中国网友们纷纷竖起大拇指。

▓ 图 6-1-2 天机芯研制者——清华大学施路平教授

▓ 图 6-1-3 "类脑自动行驶自行车"和"天机芯"

关于第五代计算机

目前计算机 CPU 用的几乎都是半导体集成电路芯片，人们认为这种技术已经要到达极限。虽然芯片制造工艺现在已经到达纳米级，多次使一些关于集成电路"大限将至"的预言落空，但半导体集成电路的集成度毕竟总会有一个极限，这也是不争的客观现实。所以，在工程师们继续在集成电路 5 纳米级以下的制程工艺方面进行努力时，科学家们也在努力研究基于其他材料做芯片的计算机，即有些人说的"第五代计算机"。

1. 碳纳米管（石墨烯）芯片计算机

以往的存储器和中央处理器（CPU）不能放在同一块晶圆上，是因为硅基晶圆必须被加热到 1000 摄氏度左右；而如存储器等硬件中的很多金属元件在此高温下就会被融化了。长期以来阻碍计算机运行速度的"拦路虎"之一就是这个问题，因为数据在处理器和存储器之间来回切换耗费了大量的时间和能量。

为解决这个问题，斯坦福大学的科学家使用碳纳米管替代硅，让存储器和处理器采用三维方式堆叠在一起，降低了数据在两者之间的传递时间，从而大幅提高了计算机芯片的处理速度。碳纳米管具有质量轻、六边形结构连接完美的特点，能在低温下处理。它与传统晶体管相比，其体积更小，传导性更强，并能支持快速开关，因此其性能和能耗表现远远优于传统硅材料。运用此方法研制出的 3D 芯片的运行速度在理论上可以达到目前硅芯片的 1000 倍。

但利用碳纳米管制造芯片并非易事。首先，碳纳米管的生长方式非常不好控制；其次，如果在制作中混入少量金属性碳纳米管就会损害整个芯片的性能。研究人员最终初步解决了这些问题，并于 2013 年制造出全球首台碳纳米管计算机。当然，它的集成度只有几百个晶体管，其性能还远远不能和传统计算机相比。尽管如此，这是具有历史意义的一步。

据《自然》杂志报道，2019 年，麻省理工学院（MIT）的科学家开发出了有史以来最大的碳纳米管计算机芯片，这标志着计算技术的又一个里程碑。

RV16XNano 是一款 16 位处理器，包含 14000 个碳纳米管的芯片。它们是由卷起的原子级厚度的石墨烯片制成的微小圆柱体组成的。新处理器采用巧妙的电路设计来构建，以限制以往存在的缺陷。它还集成了两种不同类型的晶体管，这对现代计算机电路至关重要。研究人员认为，为了突破硅材料的局限，继续在计算方面取得进展，碳纳米管代表了克服这些极限的最有希望的方法之一。

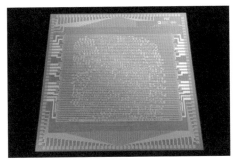

■ 图 6-1-4　麻省理工学院制造的碳纳米管计算机芯片

碳纳米管制成的芯片什么时候能够商用呢？一位参与研究的科学家表示，可能用不了 5 年。

2. 量子计算机或光量子计算机

经过各国科学家的持续研究，长期在科学家实验室中酝酿的量子计算机已经产生了重大成果。

近两年，我国在量子通信技术方面的领先，使得量子科学和量子计算机问题在世界上成为一个非常的热点。今年，有几个关于量子计算机进展的信息先后发布。

■ 图 6-1-5　我国研制构建光量子计算机

　　中国科学技术大学潘建伟院士 2019 年 5 月 3 日在上海宣布，我国科研团队成功构建的光量子计算机，首次演示了超越早期经典计算机的量子计算能力。

　　实验测试表明，10 个超导量子比特纠缠首次成功实现，中国科学家再次站在了创新的前沿。该原型机的取样速度比国际同行类似的实验加快至少 24000 倍，通过和经典算法比较，也比人类历史上第一台电子管计算机和第一台晶体管计算机运行速度快 10 倍至 100 倍。

　　潘建伟说，这台光量子计算机标志着我国在基于光子的量子计算机研究方面取得突破性进展，为最终实现超越经典计算能力的量子计算奠定了坚实基础。

　　谷歌公司研究人员 2019 年 10 月 23 日在英国《自然》杂志发表论文说，已成功演示了"量子霸权（quantum supremacy）"，让量子系统花费约 200 秒完成了传统超级计算机要 1 万年才能完成的任务。这也是科学家自 20 世纪 80 年代以来一直在努力实现的目标。谷歌的量子计算机完成了传统计算机无法完成的任务。

　　谷歌公司在其论文中说，在计算一个特定问题上，世界上最强大的超级计算机"顶点"需要一万年才能完成其量子计算机在 3 分 20 秒内完成的运算。这个"霸权"，是指量子计算机对传统计算机的压倒性优势。

　　IBM 公司在一篇博客中驳斥了谷歌的说法，表示所谓传统计算机无法完成量子计算机所完成任务的说法站不住脚。IBM 公司负责人认为，从理论上讲，传统计算机完成相关计算任务只需要两天半，而不是一万年。

　　更多的科学家将谷歌公司的声明比作 1903 年莱特兄弟的第一次飞行。这证明了一些事情确实是可能的，但可能要过很多年才能实现其潜力。

　　我国的深圳市永达公司在 2019 年 11 月的中国国际高新技术成果交易会上展示了一台量子计算机——"薛定谔计算机"。这台计算机外观呈球形，高约 1.2 米，机身设计复杂且笨重，需要 4 个成年人才能将其抬起来。该公司市场部负责人告诉记者，与谷歌公司的 53 位超导量子计算处理器只能处理指定问题不同，薛定谔计算机适用于商用量子计算的可弹性扩充的量子容量，量子态的测量误差趋于零，量子节点交叉通信（含量子纠缠）速度趋于或等于光速。

图 6-1-6　永达公司的量子计算机
——薛定谔计算机

　　量子计算机是对量子力学进行了一个多世纪研究的产物，运行方式与普通计算机完全不同。其依赖于一些物体在亚原子水平或暴露在极冷环境下时令人难以置信的状态，比如谷歌公司的量子计算机就将金属冷却到接近绝对零度。

　　研究人员确信，总有一天这些设备会推动人工智能的发展，或者轻而易举地推翻现行的计算机加密技术。正因为如此，很多国家都将量子计算视为国家安全的重中之重。

　　中国在国家级量子实验室上投入了 4 亿美元，近年来获得的量子技术专利几乎是美国的两倍。中科院院士潘建伟说，目前，量子计算机的确还处于比较初级的阶段，但是它的研制在快速发展中，谷歌公司、IBM 公司和中科院量子信息与量子科技创新研究院处于世界第一阵营，谷歌略微领先。潘建伟指出，谷歌率先实现"量子霸权"，成为近年来国际量子信息领域重大标志性事件。作为第一阵营中的一员，中国量子计算研究也迅速发展，光量子计算研制进展方面，2020 年有望实现对 50 个光子的相干操纵，达到"量子霸权"；超导量子计算研究进展方面，近期可实现 30 个超导量子比特的纠缠，一年左右实现超导系统的"量子霸权"。

　　据称量子计算机是以处于量子状态的原子作为中央处理器和内存，利用原子的量子特性进行信息处理的。

　　由于原子具有在同一时间处于两个不同位置的奇妙特性，即处于量子位的原子既可以代表 0 或 1，也能同时代表 0 和 1 以及 0 和 1 之间的中间值，所以，无论从数据存储还是数据处理的角度，量子位的能力都是晶体管电子位的两倍。对此，有人曾经做过这样的比喻：假设一只老鼠准备绕过一只猫，根据经典物理学理论，它要么从左边过，要么从右边过。而根据量子理论，它却可以同时从猫的左边和右边绕过。

■ 图 6-1-7 谷歌公司的量子计算机

科学家这样描述未来的这种新机器，它在外形上会与现在的计算机有较大差异——没有盒式外壳，看起来可能像一个被其他物质包围的巨大磁场。它也不能利用硬盘实现信息的长期存储，它的许多特性人们现在还不能作确切描述。但部分科学家相信，量子计算机的高效运算能力会使它有广阔的应用前景。

对于如何实现量子计算，科学家提出了许多方案。要解决的最关键问题是实现对微观量子态的操控。但是这个问题的解决实在是太困难了。因为量子——这些未来的信息传递介质是异常敏感的，哪怕是一束从它旁边经过的宇宙射线的干扰，也可能会改变机器内计算原子的方向，从而导致计算错误。据说，近年来科学家实验室中的量子计算机模型大多还只能利用大约 5 个原子做最简单的计算，而多数科学家认为，要想做任何有意义的工作，必须有效控制更多的量子。

看来，人们要实现真正的常规化且能够实用的"量子计算"，真的还有很长的路要走。

3. 光计算机

有人认为，第五代计算机将是光计算机。尽管现在的电子计算机的计算速度已经十分惊人，但如果人类在光电开关、光学逻辑元件的研制、激光传送信号的关键技术上能取得突破，那么计算速度仍然有可能达到更高。

与传统硅芯片计算机不同，光计算机用光束代替电子进行计算和存储。

它将以不同波长的光代表不同的数据，以光互联代替导线互联，以大量的微型透镜、棱镜和反射镜等光硬件进行数据传递。

研制光计算机的设想早在 20 世纪 50 年代后期就已提出。1986 年，贝尔实验室的戴维·米勒研制成功小型光开关，为同一实验室的艾伦·黄研制光处理器提供了必要的元件。

据说，实验中的光计算机分为全光学型和光电混合型两种，贝尔实验室的光计算机采用了混合型结构。从理论上说，全光学型计算机可以达到更高的运算速度，但是需要解决的技术问题更多。研制光计算机需要开发出可用一条光束控制另一条光束变化的"光学晶体管"。现有的"光学晶体管"还显得庞大而笨重，若用它们造成台式计算机，将至少有一辆汽车那么大。因此，要想使光学计算机达到实用化水平，还有很多困难要克服。

4. 生物（DNA）计算机

也有人认为，第五代计算机将是生物计算机。例如近几年人们经常提到的生物芯片技术。虽然生物芯片已经在实验室中诞生，但目前它还只能够作测试用，还不能够用来计算。

生物计算机的原理是，如果有机分子也可以具备半导体那样的"开关"功能，就可以充当计算元件。因为现在的电子计算机传送信息的"语言"归根到底只有"0"和"1"两种，正好与电路的"开"和"关"相对应。如果有机分子也具备"开"和"关"的功能，它当然也可以成为计算机的基本部件，从而制造出生物计算机。

科学家发现，一些半醌类的有机化合物存在两种电态，即具备"开"和"关"功能。研究实验还进一步发现，蛋白质分子中的氢也有两种电态，一个蛋白质分子就相当于一个开关。因此，从理论上说，用半醌或蛋白质分子作为元件就能制造出半醌型或蛋白质型的计算机。由于有机分子往往存在于生物体中，所以有机计算机也称作"生物计算机"。由于有机分子构成的生物化学元件的特殊性，从而使生物计算机具有以下优点：

①体积小、功效高。例如，科学家预计，若用 DNA 碱基对序列作为信息编码的载体，1 立方厘米 DNA 存储的信息要比 1 万亿张光盘存储的信息还要多。

将来十几个小时的 DNA 计算，就相当于现在所有电脑问世以来的总运算量。

②能够自我修复。当芯片有故障时能够像生物的创口自愈一样及时进行自我修复。因此，这种计算机将具有半永久性，可靠性高。

③节能环保。由有机分子构成的生物化学元件是利用高效化学反应工作的，耗能极低，不存在发热散热的问题。据说，它的能耗最终将能够达到同等级别普通电子计算机的 100 亿分之一。

前景虽然美好，但据说目前的生物计算机还是躺在试管里的液体，尚有许多现实的技术性问题没有解决，离实质性的开发应用还有很大的距离。原来乐观的预计是，10 ～ 20 年后，生物计算机有可能进入实用阶段。但现实是，生物计算机在下一代计算机的几种方案中，是几年来最没有"新闻"的一种。不过，有谁能肯定地说，这方面在某一天不会爆出一个石破天惊的消息呢？

虽然上面讲到的这几种新型计算技术现在还都不够成熟，与大规模实际应用更是还有很大的距离，但可以预计，随着这些技术的成熟与发展，计算机科学技术的前景必将变得更加美好。

（二）网格计算与云计算

计算的普及与技术提升已经给人们带来前所未有的便利。未来，它将走向何方？许多人已经在关注这个问题，且他们经常遇到的两个互相关联又有所区别的新词，就是 "网格"和"云计算"。

网格技术

在今日的世界，互联网已经普及到许多家庭，网络对社会生活的影响越来越广泛。但是，面对几乎包罗万象的互联网，人们又提出了新的问题：它的后面会是什么？什么是信息技术的下一个高峰？

很多计算机专家曾经认为，这下一个高峰就是"网格"。

那么，什么是网格呢？

美国阿岗国家实验室的资深科学家、美国计算网格项目的领导人伊安·福斯特（Ian Foster）曾主编过一本书，题为《网格：21世纪信息技术基础设施的蓝图》。

他在书中描述说："网格是构筑在因特网上的一组新兴技术，它将高速互联网、高性能计算机、大型数据库、传感器、远程设备等融为一体，为科技人员和普通老百姓提供更多的资源、功能和交互性。因特网主要为人们提供电子邮件、网页浏览等通信功能，而网格功能更多、更强，能让人们透明地使用计算、存储等其他资源。"

图 6-2-1　"网格之父"伊安·福斯特

"我举一个例子，假如有一个分布在中国各地的工程师小组要设计一种新型的拖拉机（这实际上是一个真实的例子，有一家美国公司正在这样做）。这些工程师需要和各地的部件供应厂商、质量监督机构等打交道。在因特网普及之前，人们通过邮政局寄送技术文档，非常耗时。有了因特网，人们可以用电子邮件送文档，互相回答问题。"

"而网格更进了一步，它给人们创造了一个虚拟的协同工作空间。大家可以从自己的桌面工作站上实时地看到拖拉机的设计，模拟拖拉机的操作，评价它的性能，修改设计，等等。"

通过这位科学家的论述，我们大致可以得知：

①网格不仅仅是网络，而是高速互联网、高性能计算机、大型数据库、多种传感器和远程设备等有机构成的综合体，具有更大的带宽，它与现在的互联网相比，就好比是一条100车道的高速路，而现在的互联网就相当于一条普通公路。

②网格既不同于现在的互联网，也不是要抛弃和完全取代互联网，它将建筑在互联网的基础之上，不过比当前的互联网性能更高、功能更强、应用更广泛。高性能计算机将可以跨地域地实现协同工作。如果取得许可，个人也可

以在网上利用高性能计算机解决自己的计算难题。

③网格应用的智能化和安全性大大加强，包括地理、文化、交通、政治、经济、商业服务等各方面的知识、信息会做到实时更新，并与上网的个人计算机进行信息互动与交流。

所以，网格技术绝不只是互联网的一种新名词而已。

若干年之后，人们还是会说"上网"，但这个"网"将是建筑在下一代互联网之上的功能强大、使用方便、智能高效的网格。人们将可以使用很多不同类型的网格终端设备上网，获取信息和知识、获取电子商务和计算等服务，就像我们今天用电一样简单方便。网格的硬件和软件技术将能把所有计算资源和信息资源联为一体，透明而且高效率地为人们提供各种服务。

这里的描述无疑是很美妙的，而且多数都是有条件实现的技术前景。

但是现在看来，科学家的想象还是有些过于理想化了。因为他们把人类社会和国际关系想得过于简单了。

计算需要资金投入，有的国家以邻为壑，奉行自私的单边主义政策，筑起损人利己的经济和技术壁垒，使国际技术合作面临着越来越多的困难和挑战。所以，近几年来，网格这个话题似乎有点儿"销声匿迹"了。代之而起的是"云计算""云服务"。

云计算

在市场经济条件下，近似"公益化"的网格计算注定得不到多数发达国家政府和大企业的支持。面对特定时间特定用户，适当收费的"云计算"由此得以迅速发展和壮大。

那么，网格计算与云计算有哪些异同呢？有人对此进行了比较研究。他们认为，网格计算是"学院派"，设定的目标非常远大，要在跨平台、跨组织、跨区域的极其复杂的异构环境下共享资源，协同解决问题，共享的资源将是五花八门的。从高性能的计算机、数据库、硬件设备到软件，甚至包括各领域的知识，所涉及的资源太多。而云计算是"现实派"，不管概念、不管标准，目标比较现实，所共享的存储和计算资源暂时仅限于某个企业内部，这就省去了许多需要跨组织协调的麻烦。

云计算是一种商业计算模型，它把很多计算任务分布在大量计算机构成的资源池上，使各种应用系统能够根据需要获取计算机资源、存储空间和各种软件服务。云计算是传统并行计算、分布式计算和网格计算的发展，或者说是这些计算机概念的商业化实现。

从某种意义上说，网格计算和云计算，不是胜者为王，败者为寇的问题，而是基础和发展的问题，如果没有网格计算的开拓，云计算也不会这么快的到来，云计算实际上是网格计算的一种商业化的简化版。

相对于手机和PC的操作系统，云计算的操作系统更为复杂，过去几年间，云操作系统从概念诞生，到理论论证，再到研发与实践，已经逐步成熟。

在这方面，阿里云的故事值得借鉴。

2010年前后，淘宝电商大爆发，业务规模呈几何级数增长，IT后台系统支撑不起，眼看淘宝就要被迫"停机"。继续按传统IOE（IBM公司的小型机、Oracle数据库、EMC存储设备）扩容系统，不仅费用高昂，还没法从根本上解决业务发展的需要。

当年在中国IT领袖峰会上，马云、马化腾、李彦宏三位"大佬"讨论云计算问题。李彦宏说它是"新瓶装旧酒"，马化腾说它"要到'阿凡达'时代才能实现"，只有马云坚定地说，"我对云计算充满信心。"

■ 图6-2-2 对云计算充满信心的马云

因为那时，阿里的"博士"王坚已经带队攻坚大数据和云计算平台，在争议之中自研云计算操作系统"飞天"。

此后，经过 4 年攻坚，阿里云历史性地突破同一个集群内 5000 台服务器的规模，成为阿里全线发展的发动机。

不仅如此，阿里云很快就开放了自己冗余的云计算能力，开始为各种中小企业提供 IT 服务，它也成为世界上第一个对外提供 5K 计算能力的科技公司。

下一代互联网展望

下一代互联网，顾名思义，就是对现在的互联网更新换代的新一代网络。美国等几个国家率先对不同于我们现在使用的互联网的下一代互联网进行了研究。我国科学家也在政府的支持下积极投入下一代互联网的研究。中国工程院院士、清华大学计算机系主任吴建平教授说，与第一代互联网相比，下一代互联网将具有更快、更大、更安全、更及时、更方便的特点。

更快，是指下一代互联网将比现在的网络传输速度提高 1000 ～ 10000 倍。

更大，是指下一代互联网将放弃 IPv4，启用 IPv6 地址协议，这样，原来有限的 IP 地址将会变得无限丰富，大得可以给地球上的每一粒沙子配备一个 IP 地址。这样，你家庭中的每一个东西当然也都可以分配到一个 IP 地址，这是真正让数字化生活变成现实的前提，而在 IPv4 协议下，现有地址已经在前几年就被分配光了。我国目前是采用类似一个电话号码装几部分机的方法来应对 IP 地址不足这个矛盾。

IPv4 之所以出现这个问题，是因为当初的互联网只设计了 40 多亿个网络地址。这个数字在当时听起来感觉是绝对够用的了，但当时没有想到后来互联网发展的迅猛和用户的大规模增加。如果要实现物联网，实现物物互联，人类社会的每一台设备，甚至每一个灯泡都需要一个网络地址，这样 40 多亿个地址就远远不能满足需求了。

图6-2-3 中国工程院院士、清华大学教授吴建平

更安全，是指目前困扰计算机网络安全的大量隐患将在下一代互联网中得到有效控制。在网络安全等方面，下一代互联网也有更多的改进。对于未来互联网的发展，吴建平借用了一句名言，"我们不预测未来，我们创造未来。"

实现网络强国是让互联网更好地造福于国家和人民，甚至造福于全人类的美好家园和共同体。"中国不能仅仅是互联网的享用者，更应该成为互联网的贡献者。"

随着互联网的发展，许多时髦的词汇也都随之产生。云计算、大数据、物联网等已经和我们的生活走得越来越近。吴建平也曾被问到过这样的问题："互联网是否会过时呢？这些信息技术和互联网又有什么联系呢？"吴建平说："这些时髦的信息技术都属于互联网不同的衍生方向，互联网就像马路，是支撑这些信息技术的基础平台，而这些时髦的信息技术就是路上跑的车，所以互联网是绝不会过时的。"

对于计算机硬件来说，最核心的是中央处理器；对软件来说，最核心的是操作系统；对互联网来说，最核心的是互联网的体系结构。如果我们想要在互联网领域掌握更多话语权，就需要更多参与互联网体系结构中的相关标准制定。

自开始启动下一代互联网研究计划后，中国发起了不少相关研究，开始逐步参加标准开发和制定，也开始逐步走向世界。从 2003 年到现在，中国在参与国际标准制定方面成效显著，在互联网应用领域的发展速度令人惊叹。例如，中国提出的旨在将互联网与各种传统领域融合的"互联网＋"的概念就让世界大为惊叹。总的来说，中国下一代互联网发展前景是十分乐观的。

亟待解决的问题

互联网还将继续极大地改变人类的生活，使更多的计算机技术走进千家万户。李国杰院士认为，当前计算机科学发展遇到的急需解决的主要问题有以下三方面：

①复杂性问题。计算机科学研究的实质是动态的复杂性问题。现在一个芯片中集成的晶体管已经达到几十亿乃至上百亿个，这个数目已经达到甚至超

过人类大脑里的神经元的数目。如何保证这样一个复杂的系统能够正常工作而不出现错误，这已不只是一般的测量能够解决的问题，急需科学、高效的解决方案。

②功耗问题。一般人认为计算机功耗似乎不是什么问题，但这个问题显得越来越突出。根据摩尔定律，大约每隔两年左右，芯片的性能就会翻一番。性能翻一番，带来的可能就是功耗翻番。芯片功耗大，不仅能源消耗大，而且放热也会增多。现在一个芯片可能放热100焦耳每小时，尚可以用风扇来散热，但再翻一番，放热达到几百焦耳每小时，就相当于一个电炉子。这时要散热就十分困难了。

所以，如何在提高性能的同时不增大功耗甚至大幅度减少功耗是当前计算机科学发展的重大问题，也是信息化社会可持续发展面临的一个重要问题。据一位计算机专家说，如果不采取有效的节能设计，我国计算机普及率若达到发达国家水平，仅增加的电能消耗一项，就需要再建几个三峡电站。若使用其他不可再生能源，如煤炭、石油来发电，就会大大加速自然资源的消耗。

所以，在计算机科学发展的早期，就有一位颇有远见的著名科学家说过，将来计算机科学将是"制冷"的科学，说的就是集成电路计算机的发展终究会提出节能降温的问题。

③智能化问题。现在网上信息浩如烟海，如何让计算机把这些信息变成人们所需要的知识，是一件很难的事情。现在的搜索引擎只能搜索到与我们输入的字符匹配的内容，而现在要解决的问题是要计算机网络把收集到的知识系统化。例如，你想找一个人，就可以问计算机网络："某某是什么人？"未来的计算机网络将能在千千万万的网页中找到与用户所要查询的人全部相关的内容，并通过分析，组织一篇文章来告诉用户最准确的答案。再比如，你想知道什么是生物芯片，你就可以向计算机网络发问："什么是生物芯片？"计算机就会为你自动搜索网页，归纳现有知识，为你提供这个问题的最新答案。

李国杰院士还对研制高性能计算机和高端计算机提出了他的见解。他指出，世界最高水平的超级计算机，主要用于科学研究，而科学计算在高性能计算机应用中占的比例已不到10%。近几年大数据分析和机器学习等人工智能应用已成为高性能计算机的主要负载，2017年智能应用在中国高性能计算机应用中的占比已提升到56%，估计这个比例今后还将继续扩大。美国、日本等国纷纷将正在研制的超级计算机称为智能计算机。

高性能计算可以应用于核模拟、密码破译、气候模拟、宇宙探索、基因研究、灾害预报、工业设计、新药研制、材料研究、动漫渲染等众多领域，对国防、国民经济建设和民生福祉都有不可替代的重大作用，发展高性能计算就是要让这巨大的作用发挥出来。同时，高性能计算也是中美大国博弈的重要领域，每一次较量的胜利都会给国人极大的激励，有力增强了民族自豪感和凝聚力。因此，发展高性能计算意义重大。

我国发展高性能计算需要正确处理世界排名与实际效用这两者的关系。其实，我国与美国在高性能计算领域的博弈，主要是因为该领域研究对国防、经济和民生的实际效益，而不是某一次排名是否第一。只要认清楚这一点，两者就统一了。

在实际应用中，更多的场合是需要同时响应大量的任务请求，不是要算得快，而是要算得多。这一类应用需要高通量计算机，主要由云计算中心和大数据中心部署。

目前银行等金融行业还在大量采购美国IBM公司的主机系统(Mainframe)，他们买的主要不是计算速度，而是可靠性和软件的兼容性，业界称为高可靠或高可用系统。我国的计算机产业要从中低端向高端发展，我们的任务不仅仅是发展超级计算机，还要发展高端计算机。

在我国，高通量计算机至今没有重大项目支持，几大网络服务商需要的云计算和数据中心设备基本上是自行设计，并委托其他公司组装。如果长期缺乏全国科技力量的支持，我国网络服务企业将难以形成全球竞争优势。

（三）希望在你们身上

"科教兴国"与计算机普及教育的新课题

进入 21 世纪以后，"科技兴国""科教兴国"已经成为全国人民的共识，现在的青少年是新世纪的新一代，实现中华民族伟大复兴的任务已经历史性地落到你们的身上。

电子计算机虽然只有 70 多年的历史，但其技术发展的速度惊人，而且日益对人类社会产生越来越大的全方位的影响。

从历史上看，计算机领域的许多发明与创新的纪录都是年轻人创造的。进入以微型计算机为发展标志的时代后尤其是如此。著名的苹果计算机的创始人乔布斯、微软公司的创始人比尔·盖茨都是在大学时代就开始了他们的创业生涯。他们也获得了令全世界瞩目的辉煌成就。

我国的著名软件专家严援朝、求伯君、吴晓军、朱崇君、鲍岳桥、雷军等的主要科技成果都是在其青年时代取得的。而冯康、张效祥、夏培肃、王选、慈云桂、李国杰、潘建伟等信息科技顶级专家的深厚知识积累也是从他们的青年时代开始的。龙芯的主设计师胡伟武等新一代科技工作者所以能够取得令国人引以为傲的成就，成为新时期科技工作者的楷模，与他们深受"以天下为己任"的民族优秀文化传统的影响密不可分，与他们脚踏实地做事的科学态度密不可分。现在的青少年应该学习他们的钻研、创业、奉献的精神，立志在青少年时期扎扎实实学习，打好基础，立志将来干一番事业，为国家做出自己的贡献，从而赢得国际性声誉。

作为学生，主要任务就是锻炼身体和意志、学习知识，在学好语文、数理化等基础课的同时，有必要多掌握一些计算机知识与实际应用技能。如果有时间和精力的话，学得深入一点儿，练练编程，学学算法语言，对于自己将来的学习和发展都是很有好处的。

计算机编程训练，如编程过程的思路、方法的学习和训练，作为学生文化素质教育的内容之一，对高精尖人才的培养，是非常重要的，绝对不是可有可无的。就像人们学习几何学，在将来工作中真正用得到几何学的有多少人？但学生必须要学习它的原理并掌握一些必要的解题方法和思路。因为几何学知识是我们掌握和学习其他学科的重要知识基础，它的许多原理和思维方式经常为我们所用，更重要的是，它训练的是一种思维能力。

程序设计是计算机职业与职业教学中打基础的重要课程，是提高信息素养的有效手段。在现在，真正要学好理工科，甚至文科类的经济、金融等专业，较好地掌握计算机基础知识也是一个必要的前提。因为无论是设计、管理还是创新，必然要涉及计算机原理及其应用。

另外，青少年应该全面发展，注意培养多方面的兴趣，学习多方面的知识，为将来做好多方面的准备。

例如，如果当时的物理学讲师科马克和工程师豪斯菲尔德没有计算机知识的基础，没有接受过计算机编程的训练，他们就不可能在与医学课题偶然相遇时把握住成功的机会；就不可能有把人体构造和组成特征数字化的想法；也就不可能发明 CT 扫描技术，进而获得诺贝尔奖。如果张景中院士没有计算机编程的知识，他也不可能做出使用计算机证明几何原理的重大贡献。这样的事例不胜枚举……

而许多成功者的事例都说明，在现代科技的条件下，如果没有打好计算机编程的基础，计算机原理就不可能掌握得非常透彻，人们的科学研究工作在许多领域就很难取得关键性的突破。

从青少年教育方面讲，编程和上机调试有助于学生了解和掌握计算机是怎么工作的，数据在计算机里是怎么被处理的，人与计算机的对话是怎样进行的。同时，计算机程序设计和算法知识凝聚了很多现代的思维方式和思维观念。从这个角度讲，编程训练有助于提高思维能力、开发智力。

对于培养计算机类更高层次的人才，编程训练就更加必要，因为他们需要对计算机的未来予以开拓，无论在硬件还是软件方面都要有所作为，学会编程就显得更加重要。尽管现在有很多开发工具，但那是别人创造出来的，如果我们要自己进行创造，编程训练就是这种创造能力最好的培养方式之一。

人们越来越离不开作为"人类通用智力工具"的计算机，许多创造性的

■ 图 6-3-1　发明 CT（计算机断层扫描技术）的物理学家科马克

■ 图 6-3-2　发明 CT（计算机断层扫描技术）的工程师豪斯菲尔德

■ 图 6-3-3　豪斯菲尔德与初期的 CT 机

工作也要靠计算机来做，会还是不会编程将直接影响到一个人创造能力的发挥与创造水平的提高。

换个角度讲，学习一些编程方面的知识，对消除我们对计算机的神秘感、培养现代的思维方式也可能有好处。学过与没学过计算机的孩子显然不一样，且学会使用和能进行深入编程的孩子就更有所不同，这种知识结构的差异，会使得人们在考虑问题的角度和全面性方面表现得大不一样。因此，以计算机技术为核心的信息科技不是可学可不学的，而是当代人必须了解和掌握的一种实用技能和智能工具。

在当前以大数据、人工智能、移动互联网和云计算为引擎的创新时代，在这个"芯片无处不在，软件定义一切"的现代信息化世界里，软件无处不在，而且它是芯片的灵魂。随着自动化技术的发展和控制精度等的提高，各类软件的体量也越来越大。人们一般认为，软件代码的行数可以体现它的复杂程度。据中国工程院院士邬贺铨介绍，1972年阿波罗登月飞行器的软件代码只有 4000 行，现在一个华为传感器的软件代码就达到 1 万行。日本高铁机车的软件代码虽然达到 100 万行，但这不过才与一台智能手机相当。现在的一台 PC 机的软件代码是 3000 万至 5000 万行，而一辆高档轿车的软件代码竟有 1000 万至 1 亿行之多。空客飞机的软件代码更是达到了惊人的 10 亿行！

图 6-3-4　吴文虎教授与中学生在一起

据介绍，许多传统行业，包括制造业也不可避免地进入了软件行业。例如，著名的波音公司，它设计飞机时需要 8000 种软件，其中 1000 种来自市场采购，其余 7000 种由公司自己研发。从这个意义上说，这个世界最大的飞机制造企业也是个超级软件公司。由于我国依然处于稳健发展期，各方面人才需求量巨大，仅软件研发和教育服务，就会形成十分可观的创业和就业机会。

信息科技的进步和人工智能的完善不可避免地会淘汰掉一些行业及工作岗位，但同时它也一定会创造出更多的新业态和工作岗位。随着计算机、互联网的更新换代和完善，大数据、人工智能、第五代移动通信技术和云服务，已经成为前景无限光明的创业平台。机会永远属于有准备的人！

奋斗百年望复兴，长征接力有来人。我们正处在一个前所未有的伟大时代，空前的机遇伴随着空前的挑战。中华民族的复兴伟业需要一代代中国人的接力奋斗，现代科学技术的进步和创新呼唤着青少年中涌现出更多有志有为的专业人才！

祖国与世界的未来是属于正在成长的青少年的，科学技术的高峰靠你们去攀登，幸福的生活靠你们去创造，祖国也要靠你们去建设和保卫。这一切都需要你们掌握最新的知识，而了解和掌握计算机技术，充分利用这小小芯片内外汇聚的人类知识、技能与思想，就是掌握了开启知识宝库、打开未来之门的一把金钥匙。

后 记

《小小芯片万事通——著名科学家谈计算机技术》一书，是我们在 1999 年受广西师范大学出版社之邀编写的，当时是《科学家爷爷谈科学》丛书中的一册，该丛书获得了第 12 届中国图书奖。

　　《小小芯片万事通》出版后，不仅受到广大读者的好评，而且在 1999 年中国科学院和国家科技部主办的"科学家推荐 20 世纪科普佳作"活动中，被评为首批 100 种"20 世纪科普佳作"之一。本书于 2009 年首次再版，是受中国科普作家协会和湖北少年儿童出版社之邀，参与建设"中外少儿科普精品书系"。出版后的丛书于 2011 年获第二届中国出版政府奖。

　　本书今年的再次修订，是应湖南少年儿童出版社之邀进行的。

　　由于计算机技术的发展日新月异，新的产品不断涌现，应用领域不断扩大，与国计民生的联系也越来越紧密。特别是移动互联网，大数据，人工智能，云计算等新技术、新应用的不断涌现，本书原来的许多内容确实需要进行较大更新。

　　在本次的再版修订中，我们对前两版中某些不准确的内容和叙述做了进一步的订正，对有关科学家和发明者的译名做了进一步的核定，对计算机科技发展史上较为重要的发明、思想和人物，进行了较大篇幅的增补，对于国内外几代计算机的代表机型也作了简要介绍，特别是核定增加了近 10 年来计算机科学技术的一些重大进步和标志性事件。此外，为了满足青少年的要求，增强本书的可读性、全面性，此次修订新增加了一些计算机科技发明家、重要人物和各个时期典型信息科技产品的图片。

　　虽然近十几年来，我国计算机技术与计算机事业发展的有关内容也是本次重点增补的内容，我们也在努力把有代表性的内容尽量收入，但是由于存在两个方面的问题，一是由于对计算机发展有所贡献的科学家和技术创新不胜枚举，二是由于我们的见闻与知识的局限，再加上要照顾到本书篇幅和读者的特点，挂一漏万实在是在所难免。

　　计算机和互联网现在已经普及到千家万户，罩在它们头上的"神秘光环"

已经逐渐消退，我国已经成为计算机应用和互联网应用的大国，计算机文化正伴随着这种普及有了更广泛的影响。信息科技和计算机、互联网、人工智能等的应用，已经成为街谈巷议且长久不衰的话题。计算机作为现代人类通用的智力工具，已经随着互联网，特别是移动互联网和智能终端的大规模普及，渗透到人们学习、生活和工作的各个方面。

修订后，如果能够使广大青少年朋友对计算机和互联网产生一定的兴趣，开始关心我国信息科技的现状与发展，本书的目的就基本达到了。如果能够因此出现一批立志学好用好计算机，推动我国计算机和互联网事业达到世界先进水平的有志者，那无疑是我们更加期盼的。我们深信，中国的计算机强国梦和互联网强国梦，一定会在你们这一代手中实现。

由于时间所限，本书的这次修订增补，虽然经过几次校阅，仍会有一些叙述不当乃至错误之处，敬请广大读者和专家批评指正。本书主要信息的截止日期为 2019 年 6 月。

吴文虎 李秋弟
2019 年 12 月于北京